零基础轻松学手绘系列丛书

室内设计

手绘快速表现

主编　陈立飞　魏安平

参编　黄德凤

机械工业出版社

CHINA MACHINE PRESS

本书以编者多年的手绘设计教学方法与实践结果为基础，总结出了一套非常适合手绘零基础读者学习的特殊训练法。特点是选取室内设计中的优秀案例，指出其代表性元素，并通过徒手手绘与尺规作图相结合的方法，进行手绘设计指导，同时指出了其中需要注意的问题。

本书结构清晰，内容紧凑，由浅入深，图文并茂，符合学习规律，内容涉及线条、透视原理、室内单体、室内组合元素、室内空间和室内手绘案例赏析等，能够使初学者触类旁通，举一反三。

本书可作为高等院校、高职高专院校相关专业学生的手绘启蒙书和相关专业的专业教材。同时也可以作为装饰公司、房地产公司以及室内设计行业从业人员与手绘爱好者的自学参考书。

图书在版编目（CIP）数据

室内设计手绘快速表现 / 陈立飞，魏安平主编 . -- 北京 : 机械工业出版社， 2014.11（2023.7 重印）
（零基础轻松学手绘系列丛书）
ISBN 978-7-111-48865-1

Ⅰ . ①室… Ⅱ . ①陈…②魏… Ⅲ . ①室内装饰设计 – 建筑构图 – 绘画技法 Ⅳ . ① TU204

中国版本图书馆 CIP 数据核字 (2014) 第 293333 号

机械工业出版社（北京市百万庄大街 22 号　邮政编码 100037）
策划编辑：吴　靖　责任编辑：吴　靖
封面设计：张　静　责任校对：白秀君　责任印制：任维东
北京市雅迪彩色印刷有限公司印刷
2023 年 7 月第 1 版第 11 次印刷
184mm × 260mm · 10.5 印张 · 253 千字
标准书号：ISBN 978-7-111-48865-1
定价：49.80 元

电话服务
服务咨询热线：（010）88361066
读者购书热线：（010）68326294
（010）88379203

网络服务
机工官网：www.cmpbook.com
机工官博：weibo.com/cmp1952
教育服务网：www.cmpedu.com
金书网：www.golden-book.com

前言

从一个手绘零基础的学生到习画多年的学子，从一个热爱绘画的青年设计师到有多年教学经验的老师，编者也曾经历过这样一个转变。我们也曾苦恼没有基础，技不如人；我们也曾一天天地勤学苦练；我们也曾在学习手绘的路上摸索前行。令人欣慰的是，今天我们终于可以通过此书，与读者们分享我们的经验，或者说是一些关于手绘学习的小小的收获和领悟吧！

手绘效果图与计算机效果图同为设计表现技法。手绘效果图可分为“徒手绘画”和“借助工具绘画”两大类，是在计算机效果图泛滥后的一种复兴表现技法。

徒手绘画就是设计师在一张空白的纸上，通过画笔，用点、线、面围合成个体，再由许多不同的单体组成一个空间。这个空间是作为一个设计师所要表达的图形语言，整个手绘过程便是表达自己设计思维的过程，而手绘效果图便是设计师传达自己构思最直接、最快捷的方式，即设计师表达情感、设计理念和方案结果最直接的“视觉语言”。

我们认识许多学习室内设计的学子，他们常苦恼于自己没有绘画功底，并为自己的手绘表达能力不足发愁。我们想：或许他们的心声能反映很多不擅长手绘表达的学生内心的想法。所以我们秉承着分享手绘经验，为手绘零基础的同学们提供一个学习的方向和理念，开办了“零角度”手绘教学学校。

我们深知，学习手绘需要时间、金钱和精力。这就决定了并非所有想提高自己手绘表达技巧的同学都能参加各类手绘培训班，于是就有许多同学向我们建议：老师，你们出本适合手绘技巧零基础的学生学习的书吧！因此，《零基础轻松学手绘系列丛书》诞生啦！

本书内容从最基础的线条开始，慢慢地给大家介绍透视、构图等理论知识，之后再解决单体、组合元素和装饰品等各类物体的表现技法，最后上升到透视空间手绘图、马克笔基础、色彩空间、手绘作品欣赏等，详细地阐述了表现技法的特点和训练方法，同时提供了大量的优秀线稿作品，供读者进行临摹。

当然，手绘练习本身就是一个熟能生巧的过程，表达技巧的成熟程度与练习的频度是息息相关、无法分割的。本书算是为大家提供一个手绘练习的范本。但俗话说“师傅领进门，修行在个人”，这句话一点儿也不假。“多练手”才是学好手绘的硬道理！

所以，同学们别担心，有了理论的指导再加上自己的勤恳，练好手绘是一件自然而然的事。请大家记着一个口号：绳锯木断，水滴石穿！相信自己，手绘——我能行！

本书在收录和编写过程中，得到零角度手绘工作室的詹秋香、叶伟森、容嘉敏、曹茜雯、刘岸奇老师的帮助，他们为本书的出版提供了部分资料，在此一并表示衷心的感谢。同时由于编者的水平有限，本书可能存在一些不足之处，敬请读者批评指正。

编者

目　录

第 1 章　手绘概述 …… 1
1.1 室内手绘内涵和重要性 …… 2
1.2 手绘图的类别 …… 3
第 2 章　室内设计手绘工具及材料篇 …… 6
2.1　纸张类型 …… 7
2.2　笔类工具 …… 7
2.3　其他辅助工具 …… 7
第 3 章　线条篇 …… 8
3.1　直线 …… 9
3.2　抖线 …… 12
3.3　曲线 …… 12
3.4　乱线（植物线） …… 13
第 4 章　透视篇 …… 14
4.1　一点透视 …… 15
4.2　两点透视 …… 16
4.3　三点透视 …… 17
第 5 章　室内单体篇 …… 18
5.1　不同角度沙发的表现原理及投影表现方法 …… 19
5.2　单体沙发的表现 …… 21
5.3　茶几的表现 …… 25
5.4　灯具的表现 …… 26
5.5　盆栽绿植的表现 …… 29
5.6　装饰品的表现 …… 32
第 6 章　室内组合篇 …… 33
6.1　组合沙发训练 …… 34
6.2　组合床的训练 …… 41
第 7 章　室内空间篇 …… 46
7.1　纸上建模——一点平行透视空间训练 …… 47
7.2　纸上建模——一点斜透视空间训练 …… 50
7.3　纸上建模——两点透视空间训练 …… 56
7.4　室内空间线稿综合范例 …… 59
第 8 章 色彩篇 …… 72
8.1　色彩的主要特性 …… 73
8.2　马克笔素描关系 …… 74
8.3　马克笔的笔触 …… 75
8.4　马克笔笔触的渐变训练 …… 77

8.5 马克笔材质 …… 78
8.6 马克笔单体 …… 81
8.7 室内空间的马克笔表现方法与步骤 …… 108
8.8 室内空间的马克笔表现赏析 …… 118
8.9 平面图、立面图表现技法 …… 125
第 9 章 室内手绘作品欣赏篇 …… 127
第 10 章 快题设计欣赏篇 …… 152

Hand-painted overview

第1章　手绘概述

设计不仅是结果，更是一种过程，是一种特定动态的思维过程，充满了个性和创造力。任何一种艺术设计都常常伴随着自己的生命节奏，从初生到成熟，从抽象到具象。手绘是这个过程的载体与记录，它是一种最快速、最直接、最简单的反映方式，它是一种动态的、有思维的、有生命的设计语言。

1.1 室内手绘内涵和重要性

设计不仅是结果，更是一种过程，是一种特定动态的思维过程，充满了个性和创造力。任何一种艺术设计都常常伴随着自己的生命节奏，从初生到成熟，从抽象到具象。手绘是这个过程的载体与记录，它是一种最快速、最直接、最简单的反映方式，它是一种动态的、有思维的、有生命的设计语言(图1-1 ~ 图1- 3)。

对待手绘，我们必须有一个清醒而客观的认识。不能仅仅将手绘视为效果图的一种表现技法，手绘是设计的表达手段与表现语言，就如同作曲家用乐谱来表达自己的音乐创作一般。手绘不仅仅是手段，而且是一种必备的沟通表达技能。同时手绘贯穿设计与施工的整个始末，从设计的初步概念到方案的表达，甚至在施工现场，手绘都起着至关重要的交流作用。

很多设计师误认为只要会做计算机效果图就可以称之为设计师，而忽视了最基本也是最简单的手头表达能力，其后果严重地扼杀了设计师的创意思维。

现代人对计算机效果图逐渐产生审美疲劳，设计师自身的反思与觉悟和业主与大众品位的提升，使手绘得到认可和复兴，而且还会以此发展下去。手绘是做高端市场的必备本领。

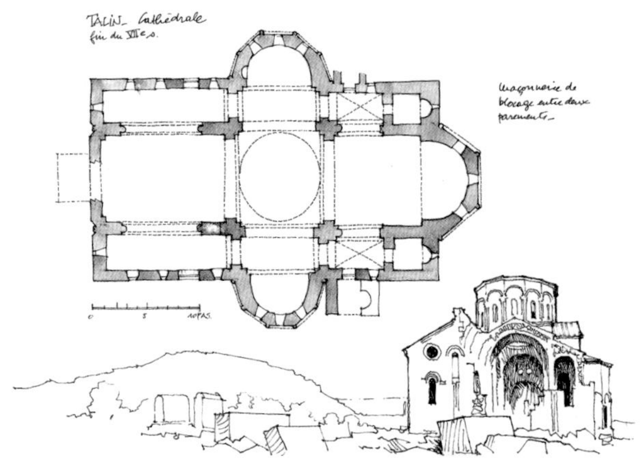

图 1–1 设计手绘图（一）

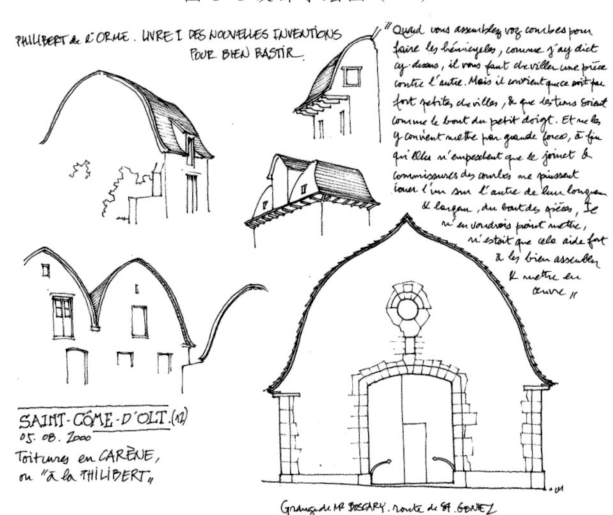

图 1–2 设计手绘图（二）

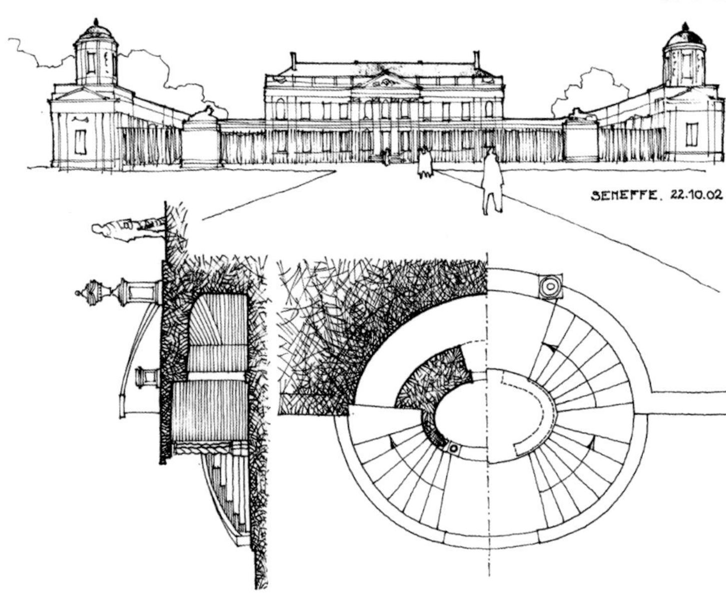

图 1–3 设计手绘图（三）

1.2 手绘图的类别

手绘表现是为设计服务的，如果想要促进手绘表现技法能力迅速提高，除了需具备必要的美术基础外，对相关的景观和建筑的专业基础知识的学习和积累也是同样重要的。在手绘表现基础方面需要学习和积累的知识，概括起来包括美术造型基础能力、景观和建筑设计基础、建筑制图规范、设计美学修养等。手绘表现的形式各异，手法不一，但无论是哪种表现手法都是为了更好地去表达自己心中的想法，基本上可分为以下几种类型。

1.2.1 写生手绘图

通过写生或者临摹照片，能够更加充分地理解建筑室内空间形状、明暗和光影之间的有机联系，在对照性的比较中探寻空间造型等因素相辅相成的变化规律，从而提高控制画面黑白灰层次的对比、虚与实、强与弱等素描效果整体处理的能力。

临摹照片的过程与设计过程是相反的，设计是从无到有的，而临摹照片则是将已设计好的实物写真，利用解构的方法，将室内的构件解剖开来，一件一件地去分析，再重构成新的画面。其间一定要注意删繁就简，大胆省略一些无关紧要的成分，同时要抓住物体的主要特征加以高度的线条提炼（图 1–4、图 1–5）。

图 1–4 写生手绘图（一）（丁选 作）

图 1–5 写生手绘图（二）（丁选 作）

1.2.2 设计方案草图

草图是设计之初！第一，有了构思要第一时间记录下来，草图就是最便捷的办法。第二，草图画多了有时候还能够帮助创意，画着画着就会有新的想法。第三，草图能够在第一时间最便利地和别人进行交流。最终的计算机效果图都是从最初构思的草图发展而来的。草图是基础，不管你画得好不好，只要你掌握了这个好的工具，就会对你的设计带来很大的帮助。总之，草图不是拿来吓人的，是为了创造更好地设计。当然不排除有时候是为了画草图而画草图，这也是一时的兴趣。

手绘草图有两个特性：快速和表达清楚。手绘草图主要体现了设计师之间的交流。每一个人的手绘都带有个人的气质素养在里面，看似同样一个曲线、一个造型，但是不同的人画出来，所表现的线条的张力、饱满程度和感情色彩是不同的。所以，真正的草图概念是快，不是乱。一根美的线条，可以让创意不断地发挥（图 1-6、图 1-7）。

图 1-6 设计方案草图（一）（魏安平 作）

图 1-7 设计方案草图（二）（陈锐雄 作）

1.2.3 表现性手绘效果图

表现性手绘效果图是手绘草图的深化版本，它需要更加准确、严格、真实、统一地表现设计师的设计意图和思维。这类手绘对色彩、透视和比例尺度、细节的描绘都必须做到仔细到位（图 1-8、图 1-9）。

从市场的角度来讲，它是以自己独特的表现形式展示给客户看的，这种类型的表现图与画者的设计水平有着直接的关系，所以需要一个长期积累和培养的过程。

一般来说，要表现好一张手绘图，首先应具备一些知识点：

（1）线稿的空间把握能力，特别是在透视方面要求准确到位。

（2）构图的活泼有序与角度的把控能力。

（3）画面视平线的锁定。

（4）比例的真实合理性。

（5）色彩搭配，画面统一。

（6）画面素描关系的处理与光影的锁定。

（7）材质的表现与深化。

图 1-8 表现性手绘效果图（一）（陈锐雄 作）

图 1-9 表现性手绘效果图（二）（陈锐雄 作）

Interior design drawing
tools and materials

第 2 章　室内设计手绘工具及材料篇

古人云：工欲善其事，必先利其器。手绘表现图中所需要的工具很简单，也是常见的绘图工具，简单而普及，携带方便。对于自发性的徒手表现画而言，每次作画都会充满着激情与信心，而好的工具本身就有它独特的功能，因此选择好的绘图工具是非常重要的。

2.1 纸张类型

主要有 A3 或者 A4 复印纸、普通纸、普通卡纸、水彩纸、硫酸纸和报纸等。当然，如果外出写生的话，一本质地精良、方便易携的速写本也是必不可少的。

2.2 笔类工具（图 2-1）

（1）美工笔 美工笔是常用的表现工具，在选择钢笔的时候，一定要在纸上画长线和画圆圈，如果不卡纸、不刮纸，不断水，说明这支笔出水比较流畅。而美工笔的另外一个优点就是：在转动笔尖时，它可以表现出粗细变化的线条，线条优美而富有张力，一般在快速设计表现和写生时经常用到。

（2）走珠笔 线条自由奔放，属于一次性笔，粗细根据自己的选择而定。

（3）针管笔 选择针管笔，型号可以选择 0.2，三菱或者樱花牌的比较好。

（4）自动铅笔 这个只要选择可以换笔芯的即可。

（5）马克笔 作为一个初学者，不能选择太差的马克笔，因为差的马克笔笔头比较毛糙、色彩会有偏差，这样只会让自己的信心被打击。可以选择性价比中等的马克笔—法卡勒；如果基础比较好，经济比较宽裕的，可以选择 AD、三福、Mycolor2 这几个牌子。

（6）色粉笔 色粉笔常用于制造画面的气氛，特别是处理天空材质的时候。

（7）彩色铅笔 可以选择辉柏嘉 48 色的水溶性彩色铅笔。

（8）涂改液 用于后期处理画面的亮部和高光，可以选择日本樱花牌的涂改液。

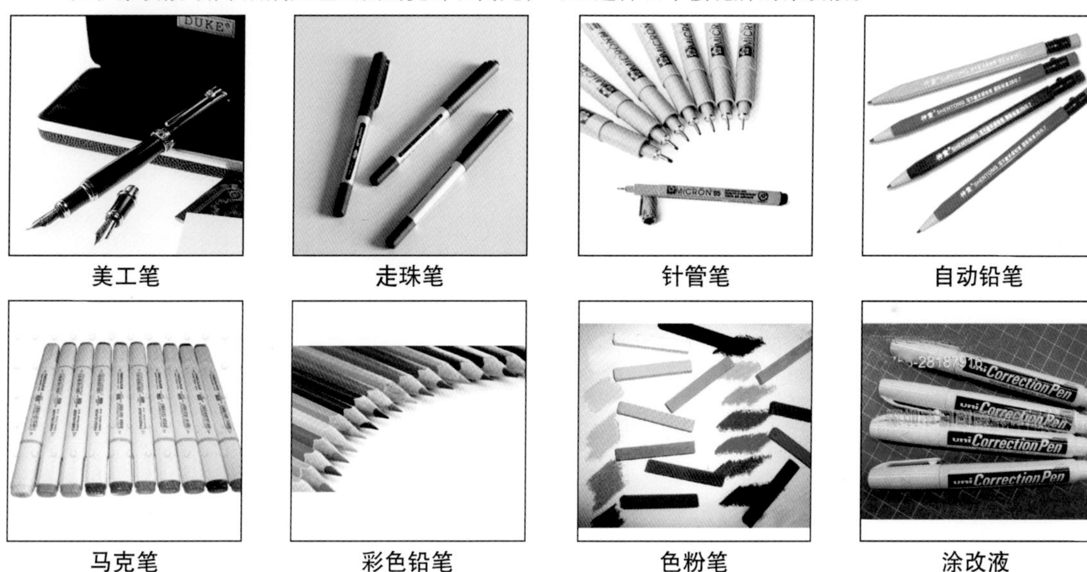

图 2-1 笔类工具

2.3 其他辅助工具

主要有工具箱（用于收纳上述画材）、椅子、相机（便于构图和收集素材）（图 2-2）。

工具箱

椅子

相机

图 2-2 其他辅助工具

Lines

第 3 章　线条篇

线条是手绘表现的基本语言，任何设计草图都是由线条和光影组成的。

3.1 直线

在很多行业中，手绘的应用越来越广泛：服装手绘、POP 手绘、DIY 手绘、墙体手绘、园林景观手绘、室内手绘等。从而证明，手绘在未来一段时间里，慢慢地会得到很多人的认同。手绘不仅仅是作为一种表达的手段，它更是作为引导设计师进一步思索的推动媒介。手绘对于设计师潜移默化的辅助作用应当被广大的设计师重视起来。现代有关认知心理和大脑生理学的研究建立了一种综合的形象思维的观点，就是视觉形象思维——脑到、眼到、手到。就是说当你脑海中出现一朦胧的图像，可以通过手将它表现出来（图像化），这种图像化的过程正是设计师将自己头脑中的空间形象转化为视觉形象的过程。在这个过程中，就出现了一种图像化的表达方式。很多建筑、室内外等的效果图，就是要表达一种体量和气氛，而线条正是表达的一种工具——线条是皮肤、透视是骨架、色彩是衣服。

然而直线中的“直”并不是说像尺规画出来的线条，只要视觉上感觉相对直就可以了。直线要刚劲有力，常用在横的方向和斜的方向。画的时候要注意起笔与收笔画线的基本动作要领，再加上动作的快慢、轻重变化，线条会显得有力、流畅。

3.1.1 如何有效地练习线条

首先，线条并不是一朝一夕就可以画得漂亮的，它是一个坚持的过程，但并不是说要花一整天去练习，每天坚持练习两张线条，那你就可以成为一个线条高手。在练习线条时不会受任何限制，譬如说：打电话的时候，可以边画边聊天，一举两得。或者说在看电影的时候，一只笔一张报纸就可以随时随地画线条了，可以根据剧情来调节线条的速度与长短。

有些同学在问，为什么我画的直线总是弯的呢？其实道理很简单，就是你的坐姿、执笔和运笔的问题。

（1）坐有坐相。坐姿要挺起胸膛，不要整个身体都趴在桌子上，画板要倾斜 45°，便于画线的时候身体更加灵活，让视觉上看图更加舒服，画板便于旋转（图 3–1）。

图 3–1 坐姿方法

（2）执笔的方法与画素描不一样，与写字的执笔方法也不一样。很多人喜欢把手紧贴笔尖附近，或执笔时离笔尖太远，这些都是画不好线条的小动作。根据笔者多年的教学经验总结：画横线时，笔尖与横线要保持垂直方向；画竖线时，笔尖的方向也是垂直的；在画每个角度不同方向的线条时，手都要转动，不能一成不变（图 3–2）。

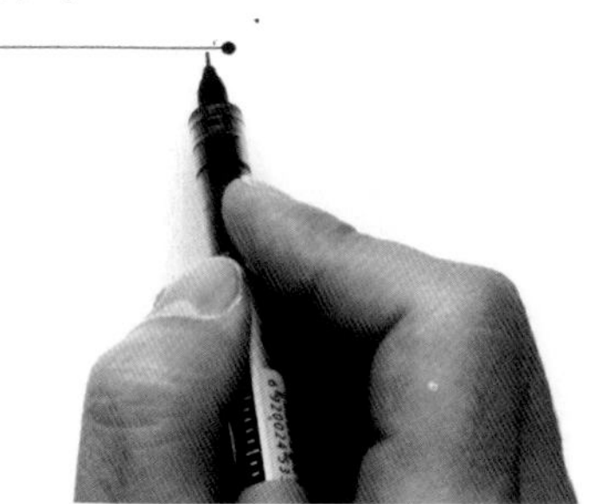

画横线的握笔方法

画竖线的握笔方法

图 3–2 握笔方法

（3）画直线时总是歪或弯的原因是没有充分利用好手的各个部位。其实手指、手腕、手臂每个部位发挥的功能都不一样。运用手指画出来的线条是短直线；运用手腕画出来的是中等的线条；手指、手腕不运动，通过运动手臂画出来的线条是长直线。所以希望读者在练习的时候观察自己运笔时手的运动情况，再加以调整（图 3-3）。

图 3-3　运笔方法

3.1.2　手绘线条的特点

专业性的手绘线条有如下的特点（图 3-4）：

（1）起笔、运笔、收笔（两头重中间轻）。

（2）稳重、自信、力透纸背（入木三分）。

（3）求直，整体上直。

（4）手臂带动手腕运笔。

（5）线面与视线尽量保持垂直。

（6）线与线之间的距离尽量相等。

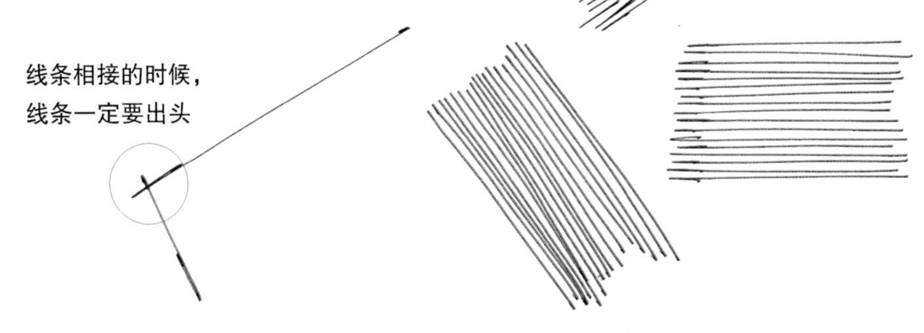

图 3-4　手绘线条的特点

3.1.3　线条典型的错误范例（图 3-5）

（1）线条有一头带勾，造成画面不美观。

（2）画面出现不宜出现反复描绘的线条，显得很毛糙。

（3）长线条中可以适当出现短线条，不宜完全依靠短线条完成，这样显得很碎。

（4）线条交叉处，不出头，不够美观。

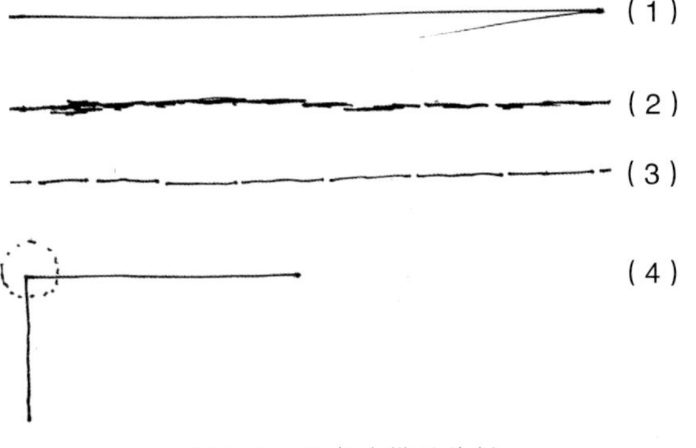

图 3-5　线条的错误范例

3.1.4 如何有趣地练习线条

根据经验，如果机械地排满一张线条，会使心情非常郁闷，并产生抗拒学习手绘的心理，所以可通过一些图形式、数字式、空间式等的线条练习，使读者更加喜欢手绘。

范例 1：

线条的渐变式练习，有效地练习对线条间距控制（图 3–6）。

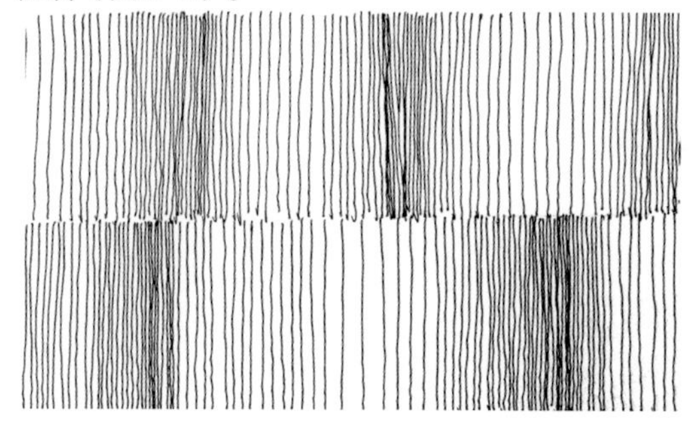

图 3–6 渐变式练习

范例 2：

线条的席纹式练习，这样横与竖交叉的练习，是一种对手腕控制力的训练（图 3–7）。

图 3–7 席纹式练习

范例 3：

线条的图案式练习，可以找一些自己喜欢的花瓣、人物或者动物的图案进行练习（图 3–8）。

图 3–8 图案式练习

范例 4：

数字式的线条练习，能够增加自己的信心，也可以用英文字母或者中文代替（图 3–9）。

图 3–9 数字式练习

范例 5：

线条的空间推移练习，通过线条的前后重叠的关系，推移出空间感（图 3–10）。

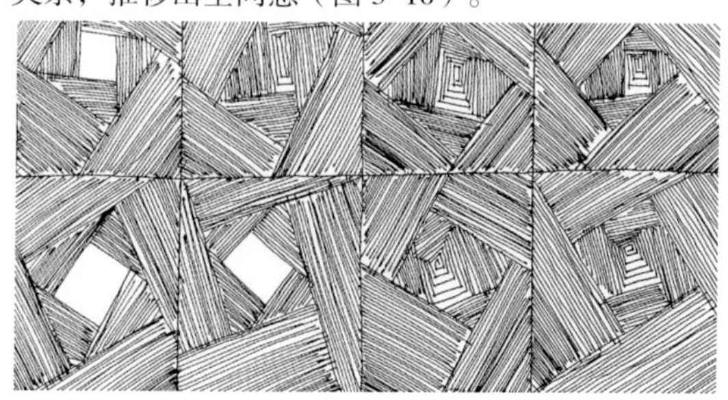

图 3–10 空间推移练习

范例 6：

线条的双线式练习，这样是为了增强对线条间距的判断能力，练习的时候尽量使双线的间距相等（图 3–11）。

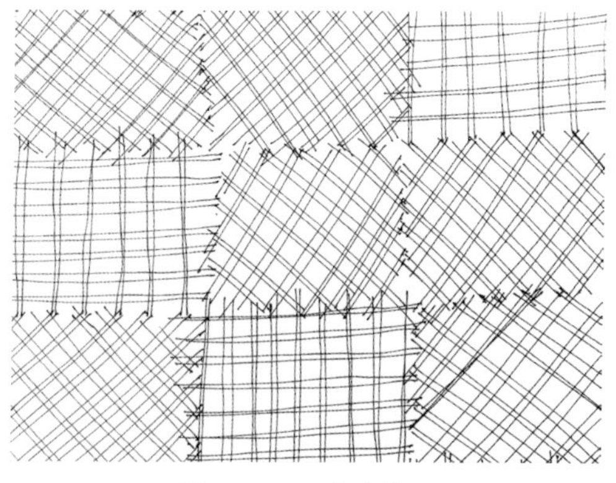

图 3–11 双线式练习

3.2 抖线

抖线好处在于容易控制好线的走向和停留位置，如要快速地去画一条长的线，因为速度快，容易把握不好走向和长度，出现线斜、出头太多等情况，而抖线给人感觉自由、休闲，力度强一些，将直线和抖线想象成吉他线，快直线相当于拉紧了的线，而抖线在下笔时会留有时间让人思考线的走向和停留位置。

1. 大抖。行笔 2s 的时间，加上手振动。抖浪较大，一般 100mm 的线，抖动而成的波浪形线的波浪数为 8 个左右，量小，浪长，需表现得流畅、自然（图 3–12）。

图 3–12　大抖

2. 中抖。行笔 3s 的时间，加上手振动。抖浪较小，一段 100mm 的线，抖动而成的波浪形线的波浪数为 11 个左右，浪中小（图 3–13）。

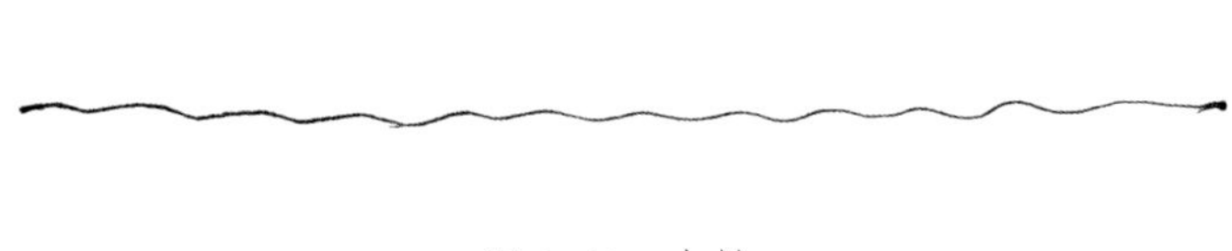

图 3–13　中抖

3. 小抖。行笔 4s 的时间，加上手振动。抖浪较小，一段 100mm 的线，抖动而成的波浪形线的波浪数为 25 个左右，浪较小（图 3–14）。

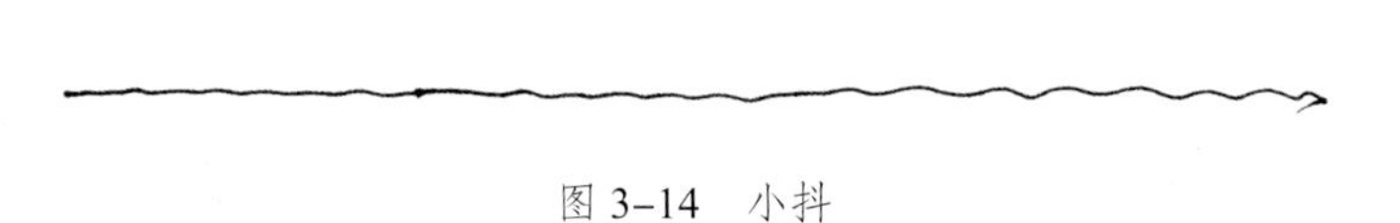

图 3–14　小抖

3.3 曲线

画曲线时，尽量将笔在纸张上方腾空来回旋转后再下笔，不能随便乱画，心中要有“谱”。在下笔前，一定要知道在什么地方起笔，什么地方转折，什么地方停顿。刚开始的时候会不顺，这很正常，画得多了，就可以收放自如了（图 3–15）。

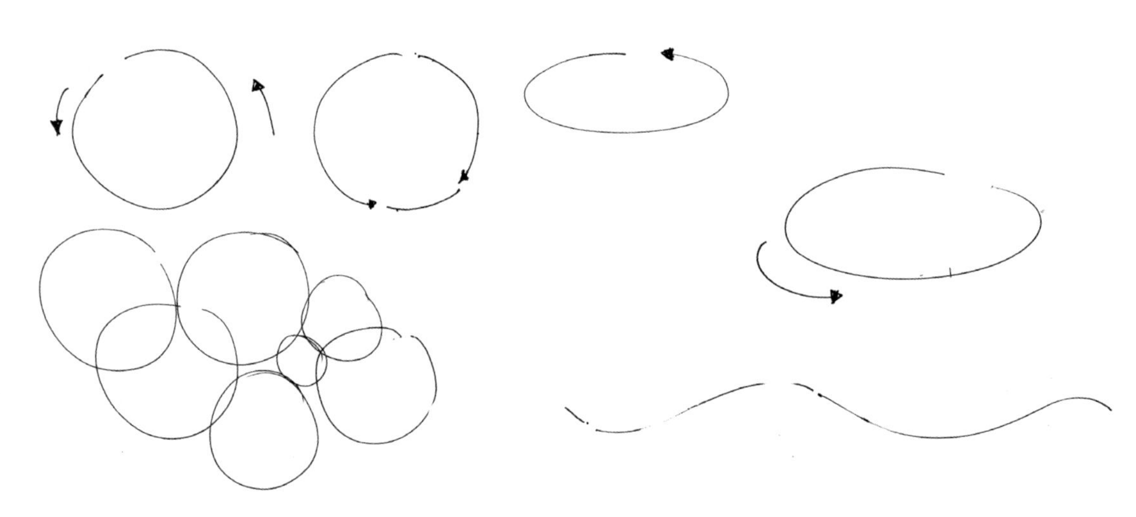

图 3–15　曲线

3.4 乱线（植物线）

乱线也叫植物线，画线的时候尽量采取手指与手腕相结合摆动的方式。植物的线条有很多的表现手法，以下介绍比较常用的 4 种画法。

（1）“几”字形的线条用笔相对硬朗，常用于前景树木的收边树（图 3–16）。

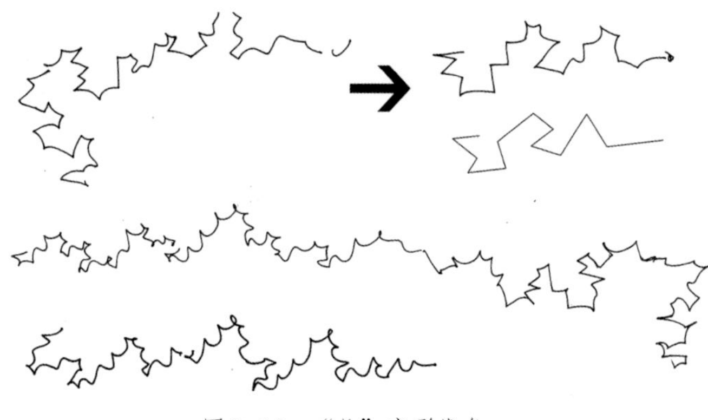

图 3–16　“几”字形线条

（2）“针叶形”的线条用笔要按照树叶的肌理进行排列，注意其连贯性和疏密性，常用于前景收边树（图 3–17）。

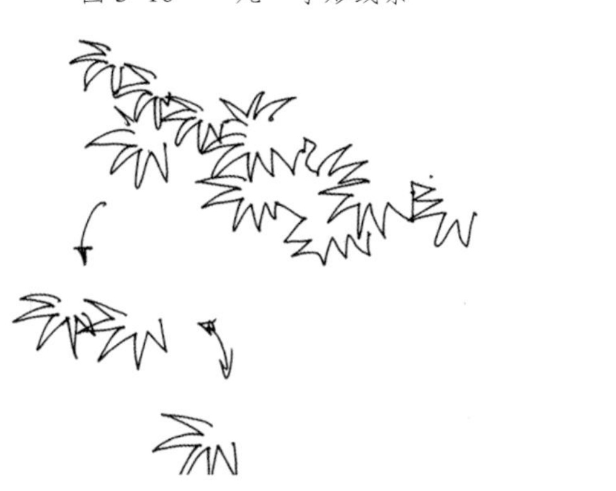

图 3–17　“针叶形”线条

（3）“U”字形的线条用笔比较轻松，常用于远景植物（图 3–18）。

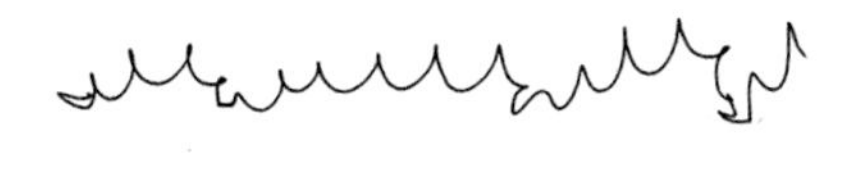

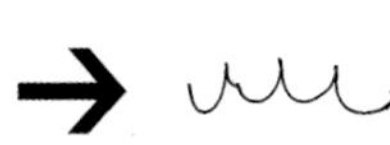

图 3–18　“U”字形线条

（4）“m”字形的线条用笔比较常见，常用于平面的树群（图 3–19）。

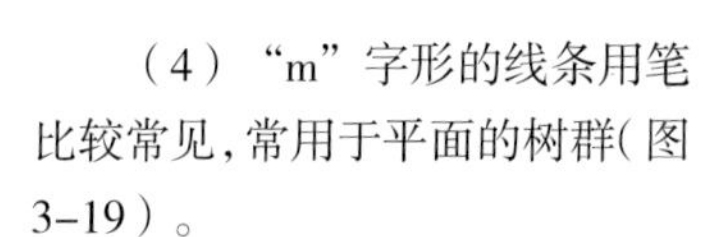

图 3–19　“m”字形线条

Perspective

第 4 章　透视篇

透视三大要素：近大远小、近明远暗、近实远虚。

4.1 一点透视

一点透视又叫平行透视，顾名思义，是指只有一个消失点（又称灭点）的透视图，意思就是物体向视平线上某一点消失。透视是一种物理现象，一点透视是最常见的一种透视图。

一点透视可以理解为立方体放在一个水平面上，前方的面（正面）的四边分别与画纸四边平行时，上部纵深的直线与眼睛的高度一致，消失成一点，而正面为正方形；一点透视有整齐、平展、稳定、庄严的感觉。

一点透视因视平线（HL）的高低变化，会形成不同的效果，基本上可以分为三种：平视图、俯视图、仰视图（图4–1、图4–2）。

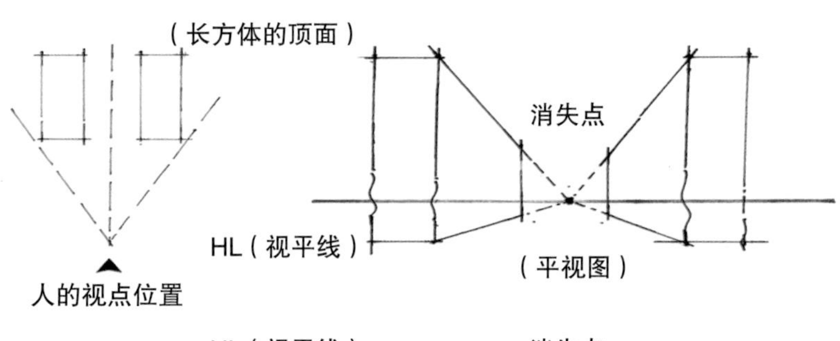

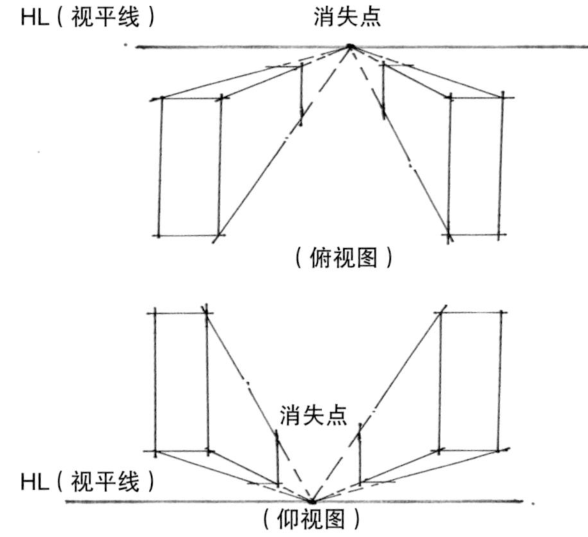

图 4–1　一点透视（一）

图 4–2　一点透视（二）（魏安平　作）

4.2 两点透视

两点透视（又称为成角透视），是指一个图中有两个灭点（又称消失点）。对比一点透视来分析，两点透视更加灵活生动，画面更加丰富。

两点透视就是立方体的四个面相对于画面倾斜成一定角度时，往纵深平行的直线产生了两个消失点。在这种情况下，与上下两个水平面相垂直的平行线也产生了长度的缩小，但不带有消失点。

两点透视因视平线（HL）的高低变化，也会形成各种效果，基本上可以分为三种：平视图、俯视图、仰视图（图4-3、图4-4）。

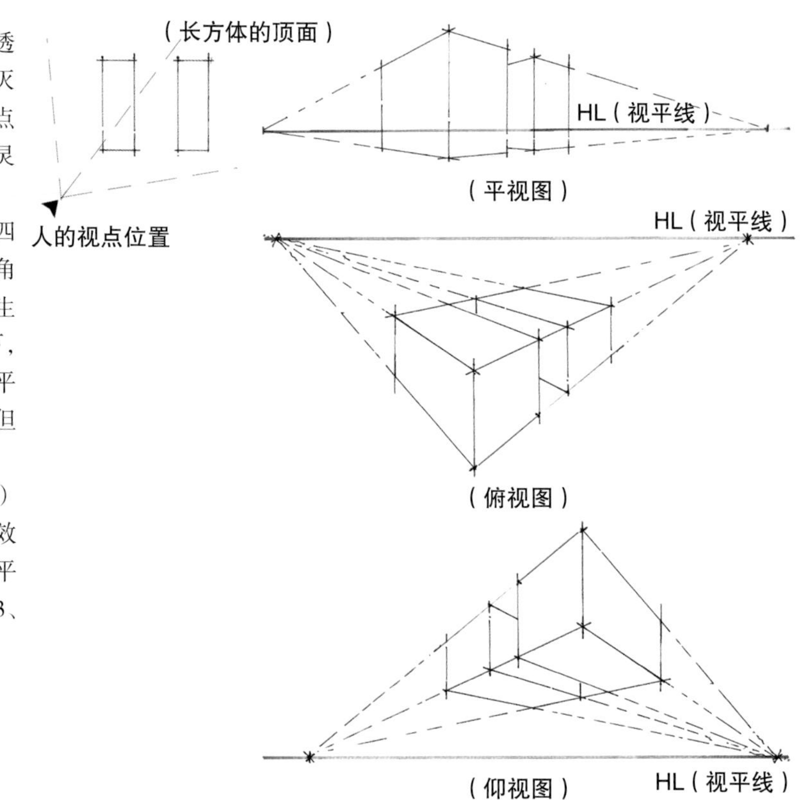

图4-3 两点透视（一）

图4-4 两点透视（二）（魏安平 作）

4.3 三点透视

三点透视用于超高层建筑，也可以运用到室内设计、俯瞰图或仰视图，是指立方体相对于画面，其面及棱线都不平行时，面的边线可以延伸为三个消失点，用俯视或仰视的视角去看立方体就会形成三点透视（图 4–5）。

第三个消失点，必须和画面保持垂直的主视线，使其与视角的二等分线保持一致。

（1）近大远小的规律，即同样大小的物体，根据他们离观察者的远近程度而逐渐由小变大。

（2）远处延伸的平行线消失于一点(地平线即视平线)，相互平行的水平线，消失点都在地平线上。

（3）地平线以上的物体越近其高度越高，越远则越低，地平线以下的物体越近其高度越低，越远则越高。

（4）人眼睛视围的可见度于 60° 以内最为自然，超过这个角度看的物体就会变形。

（5）一般情况下，透视图多为一点透视或者两点透视，画鸟瞰图时可以展现给人们比较全面的角度（图 4–6）。

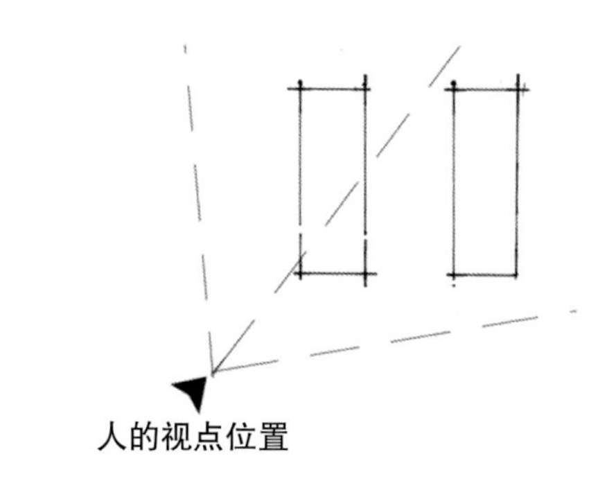

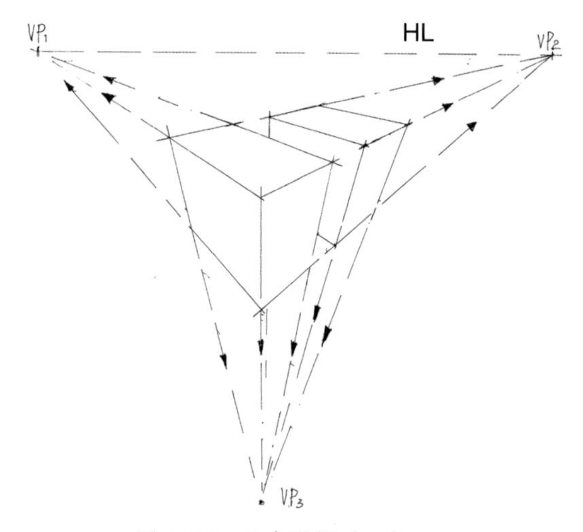

图 4–15　三点透视（一）

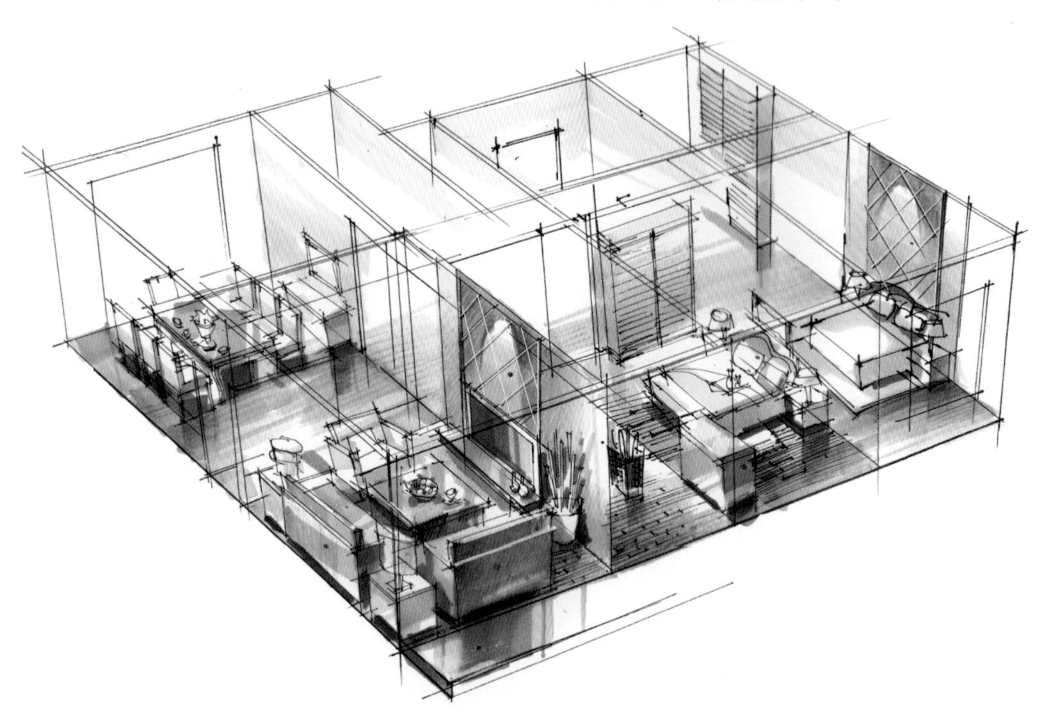

图 4–6　三点透视（二）（魏安平　作）

Small single building

第 5 章　室内单体篇

本章涉及的知识点：透视、形体、比例、光影。

5.1　不同角度沙发的表现原理及投影表现方法

5.1.1　不同角度沙发的表现

在前几章中学习了各种线条和透视的画法，对它们有了一定的理解。要画好室内沙发首先要学会用横线、竖线、斜线画几何方块。生活中的物体千姿百态，但其实可以把这些物体概括为多种几何形体，像室内的沙发陈设，都是由立方体延伸演变而来的（图5–1、图5–2）。

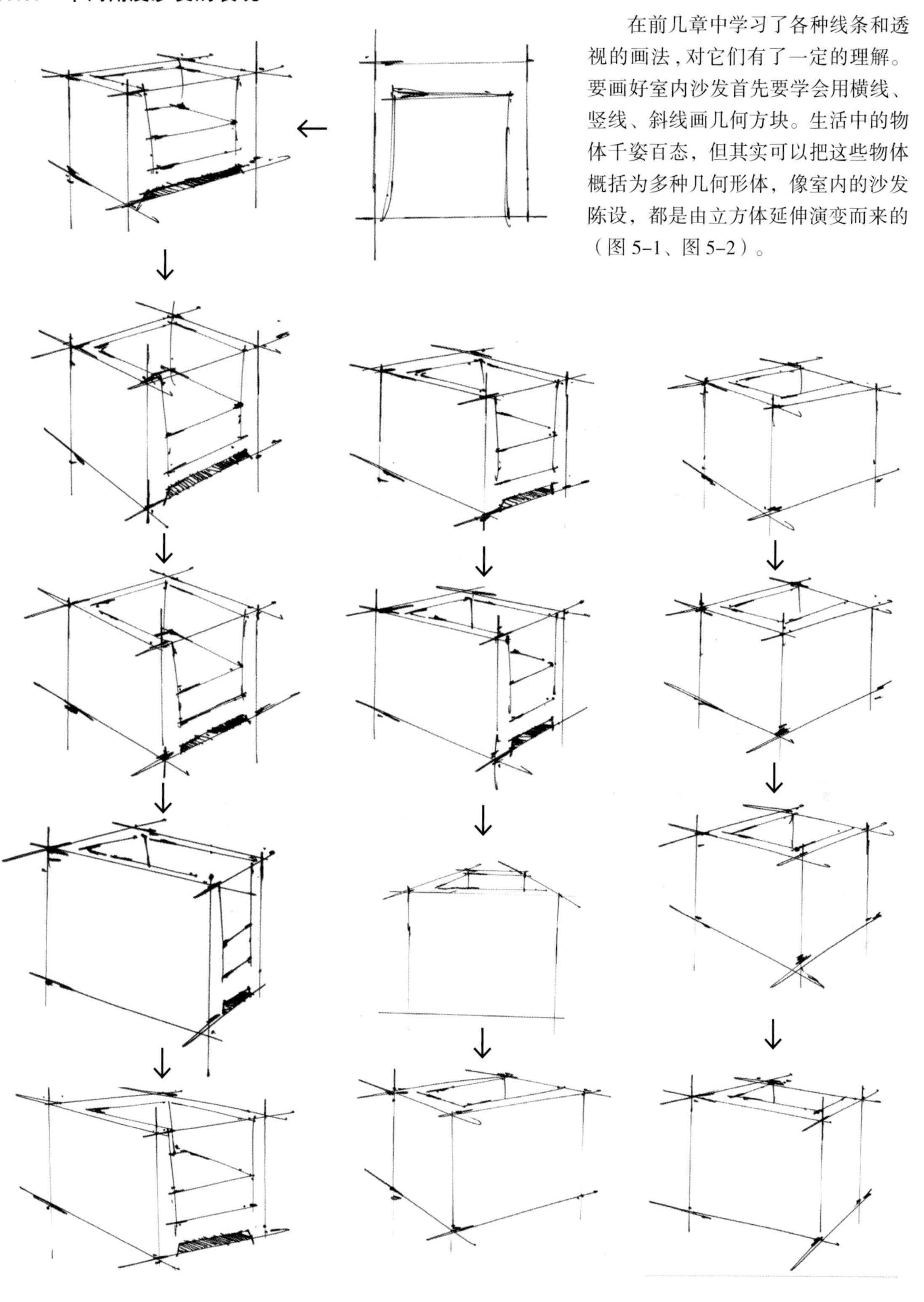

图5–1　不同角度的沙发表现（一）（陈立飞　作）

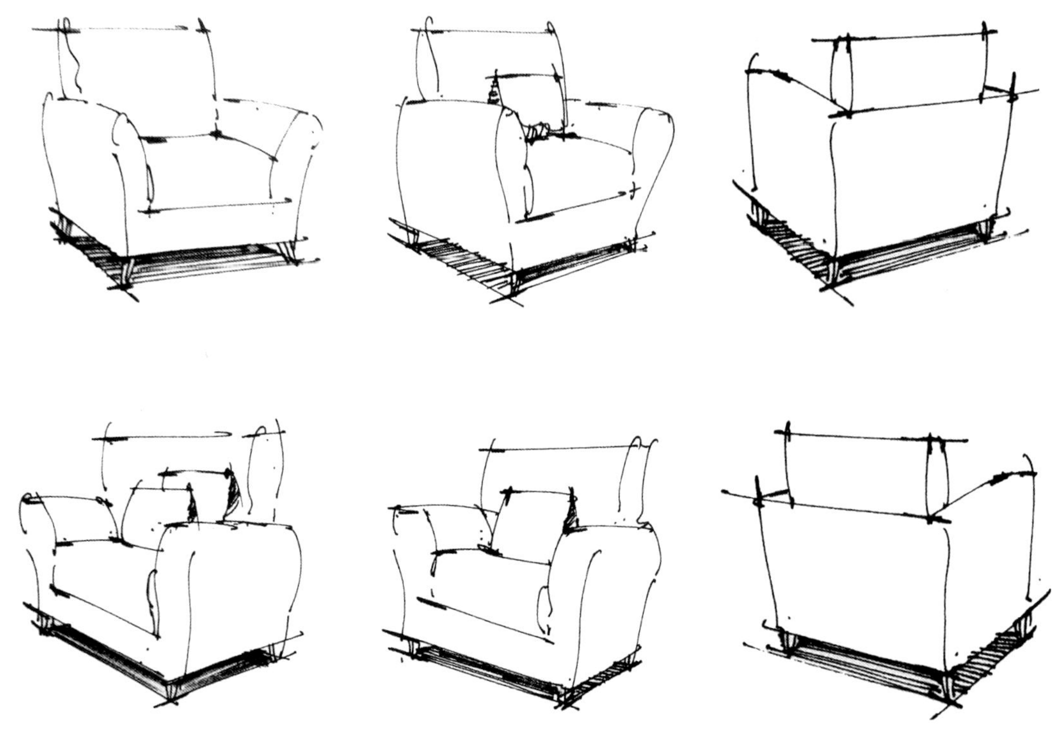

图 5-2　不同角度的沙发表现（二）（黄德凤　作）

5.1.2　投影的表现方法

有光线就会有投影，投影的刻画可以让物体有厚重感，扎根于地上（图 5-3）。

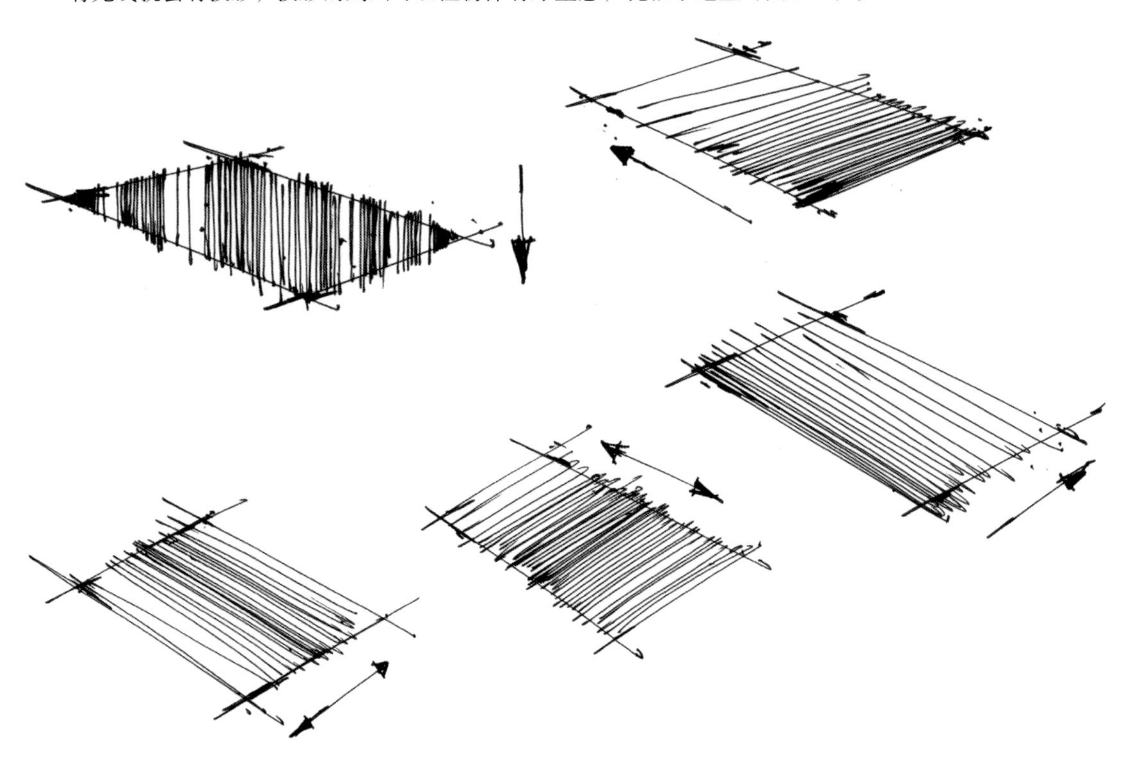

图 5-3　投影的表现方法（陈立飞　作）

5.2 单体沙发的表现

5.2.1 单体沙发的线稿步骤（图 5-4）

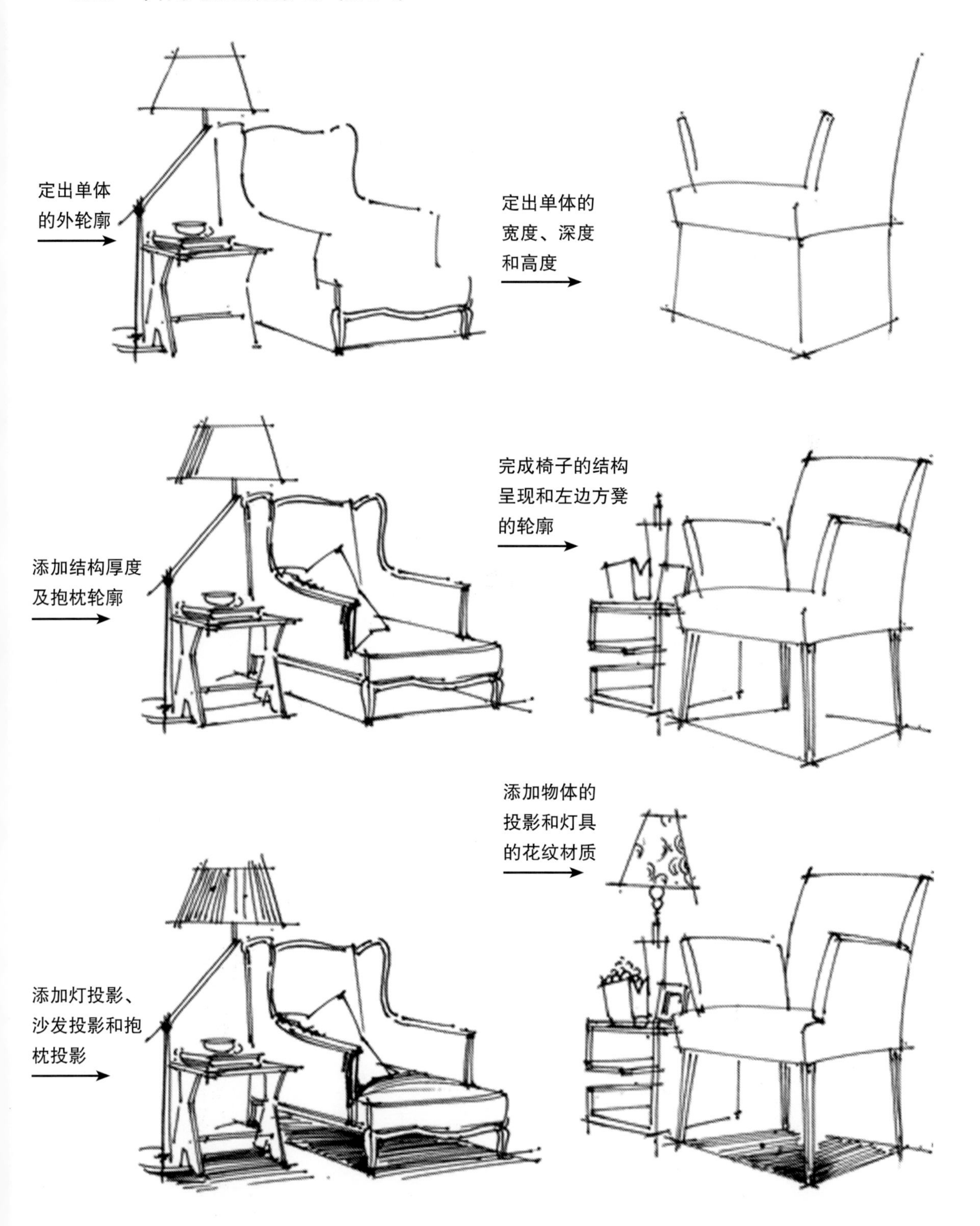

图 5-4 单体沙发的线稿步骤

5.2.2　各种造型沙发的表现

画沙发单体的时候，要从整体入手，简洁概括、生动地表现他们，特别是它们之间的透视比例关系、组合关系和虚实的处理（图 5–5）。

很多初学者画室内沙发单体时，经常会出现一些问题：

（1）家具的比例不太对，坐垫要么太大，要么太小，坐不下人。

（2）透视线的消失点不统一，造成坐垫或凳脚长短不一。

在画沙发单体时要遵循透视原理：近大远小。一般可总结为：前面的线条比后面的线条长，左右两边的线条倾斜度方向一致。

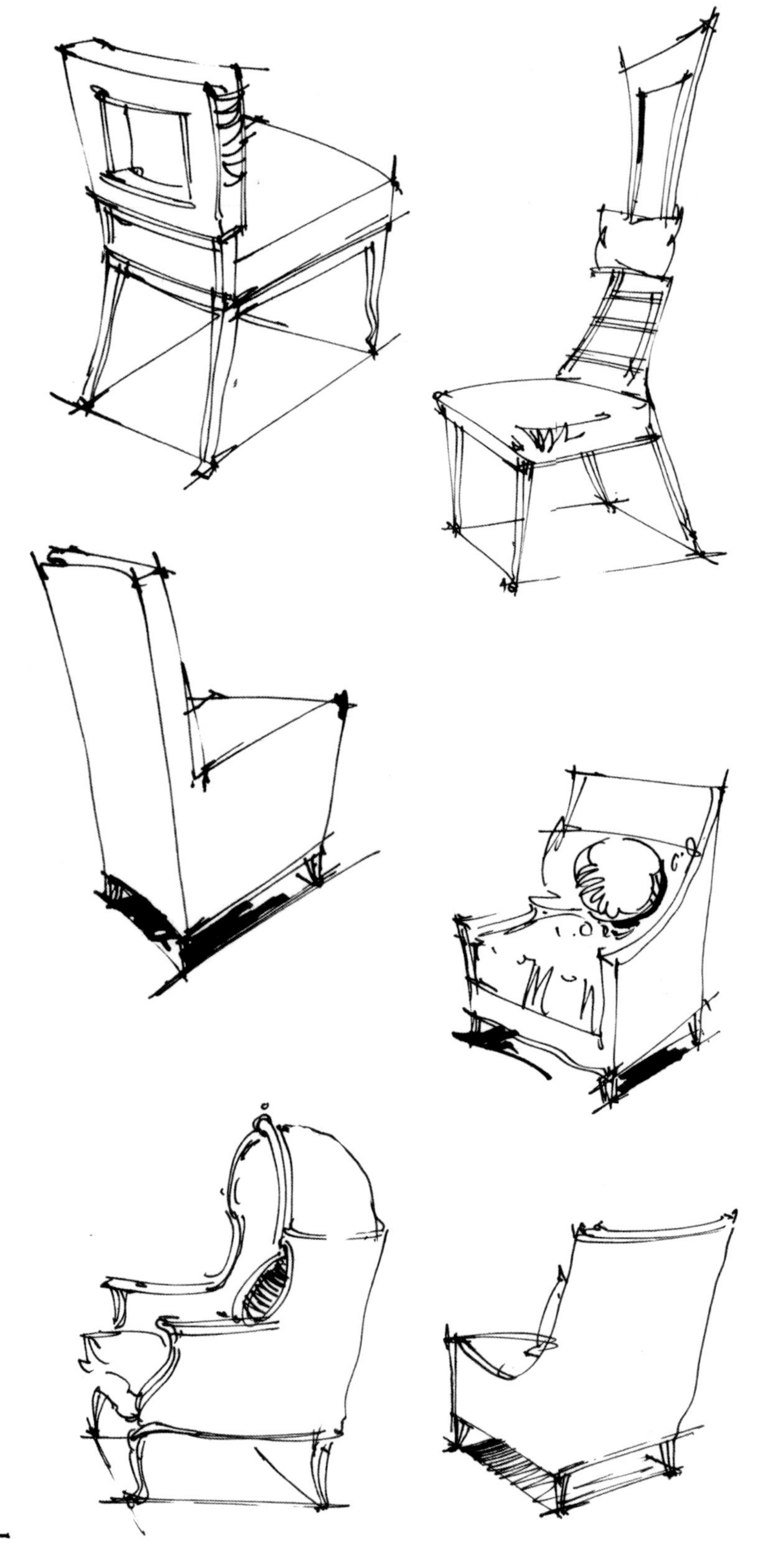

图 5–5　沙发的表现（陈锐雄　作）

5.2.3 线条的韵味

线条是手绘图的灵魂，好的线条在表现单体的时候可以显露出家具的生命力。线条随意，却又不失魅力。

图 5-6 和图 5-7 中的线条垂直，略带弯曲，非常有韵味，而且这样的线条在表现家具的时候显得非常生动自然。

图 5-6　沙发的表现（陈锐雄　作）

图 5–7 沙发的表现（陈锐雄 作）

5.3 茶几的表现

注意茶几的质感，还有尺度关系与透视关系（图 5-8）。

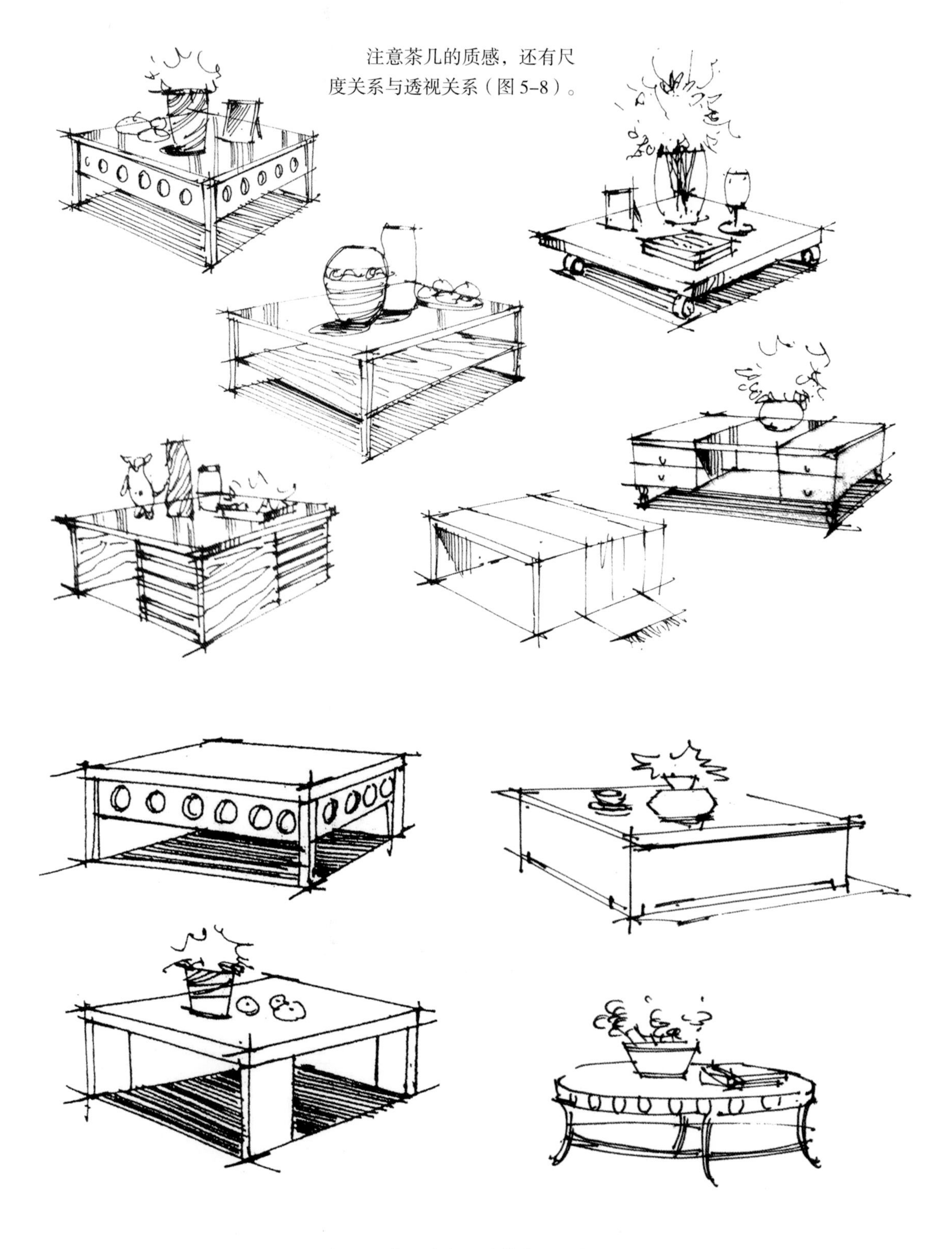

图 5-8 茶几的表现（黄德凤 作）

5.4 灯具的表现

在表现灯具时应注意它们的造型和小构件的特点，特别是圆弧形状的灯 (图 5-9 ~图 5-11)。

图 5-9 灯具的表现（一）（魏安平 作）

图 5-10　灯具的表现（二）（魏安平 陈锐雄　作）

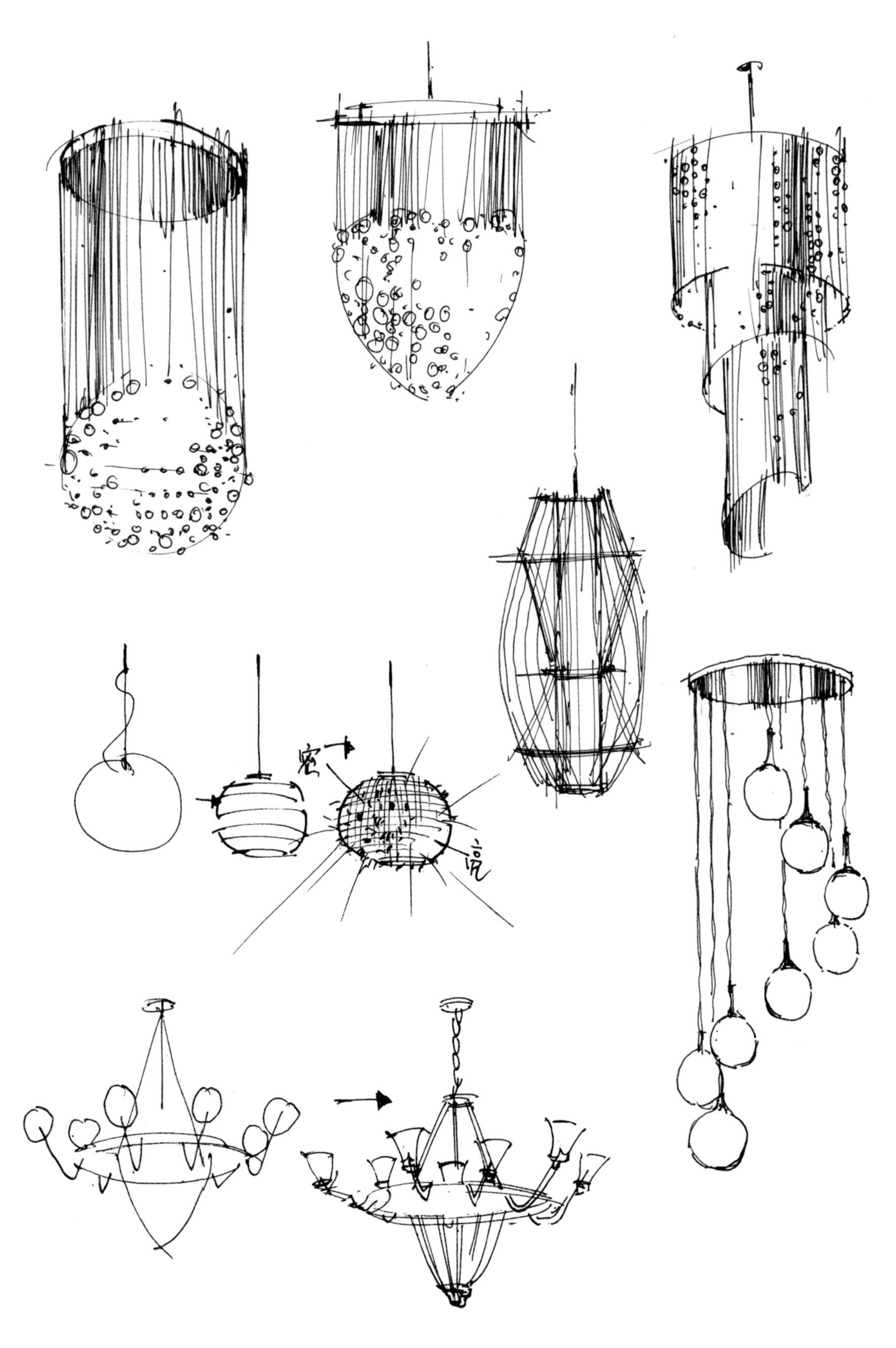

图 5-11　灯具的表现（三）（魏安平 陈锐雄　作）

5.5 盆栽绿植的表现

盆栽绿植在室内空间中有画龙点睛的作用，要用简练的线条表现它们的形象特征（图 5-12 ~图 5-14）。

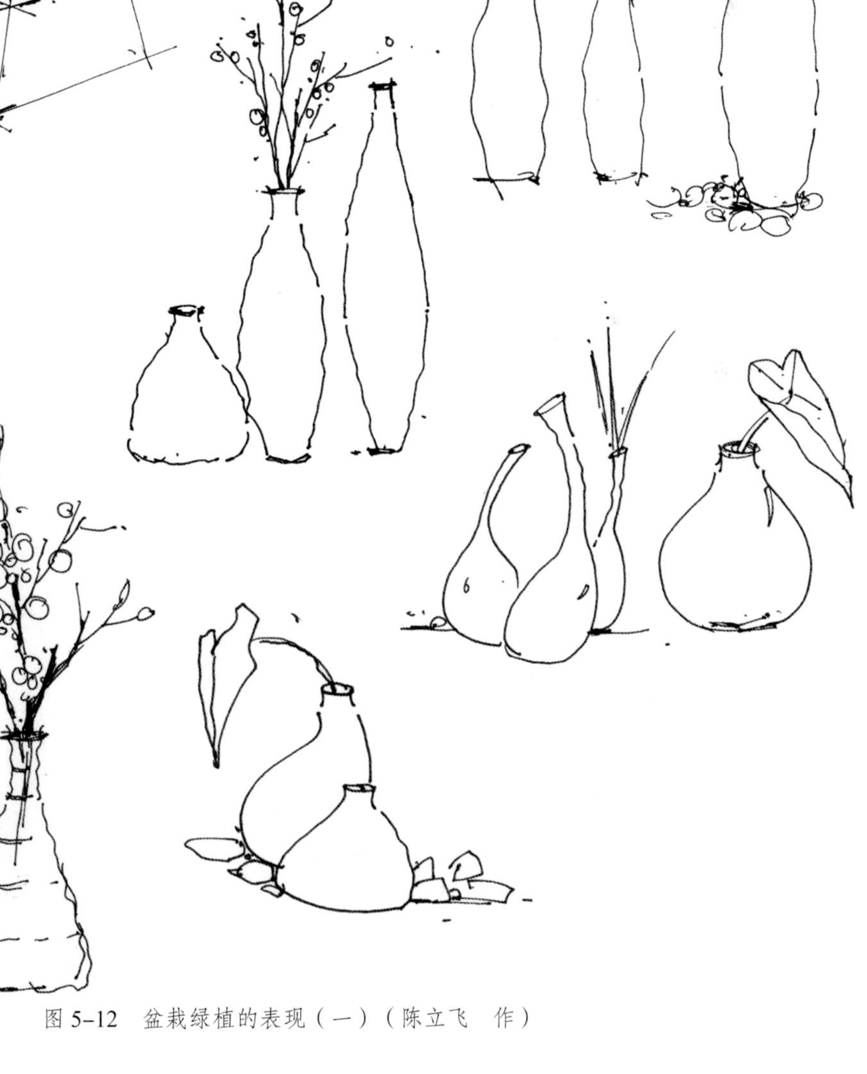

图 5-12　盆栽绿植的表现（一）（陈立飞　作）

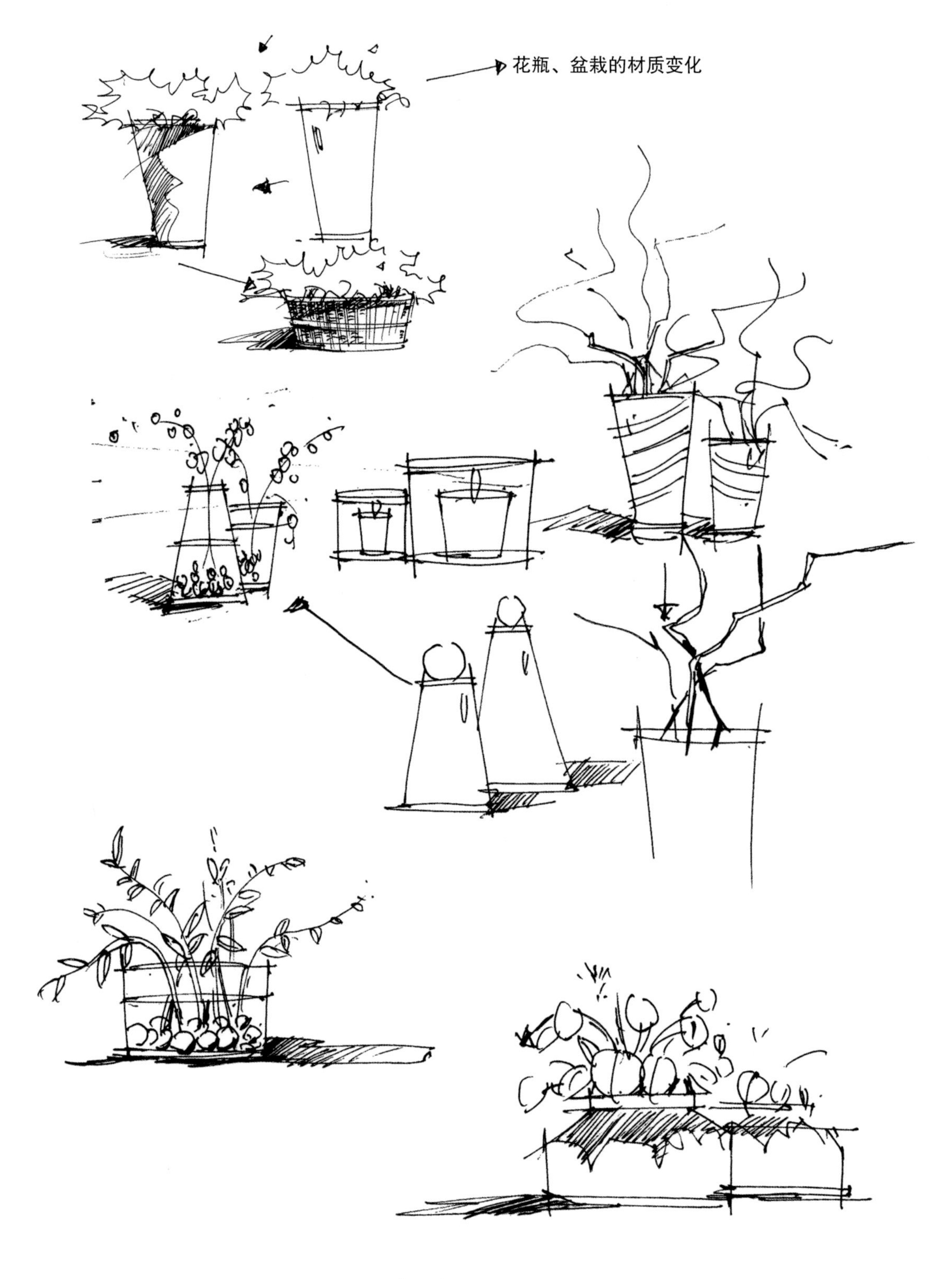

图 5-13　盆栽绿植的表现（二）（魏安平　作）

图 5-14　盆栽绿植的表现（三）（魏安平　作）

5.6 装饰品的表现

装饰品在室内空间中有烘托气氛、丰富画面的效果，是不可缺少的艺术品。画装饰品时，要用概括、简洁的线条去表现该物品生动的形象，不能画得太呆板（图 5-15）。

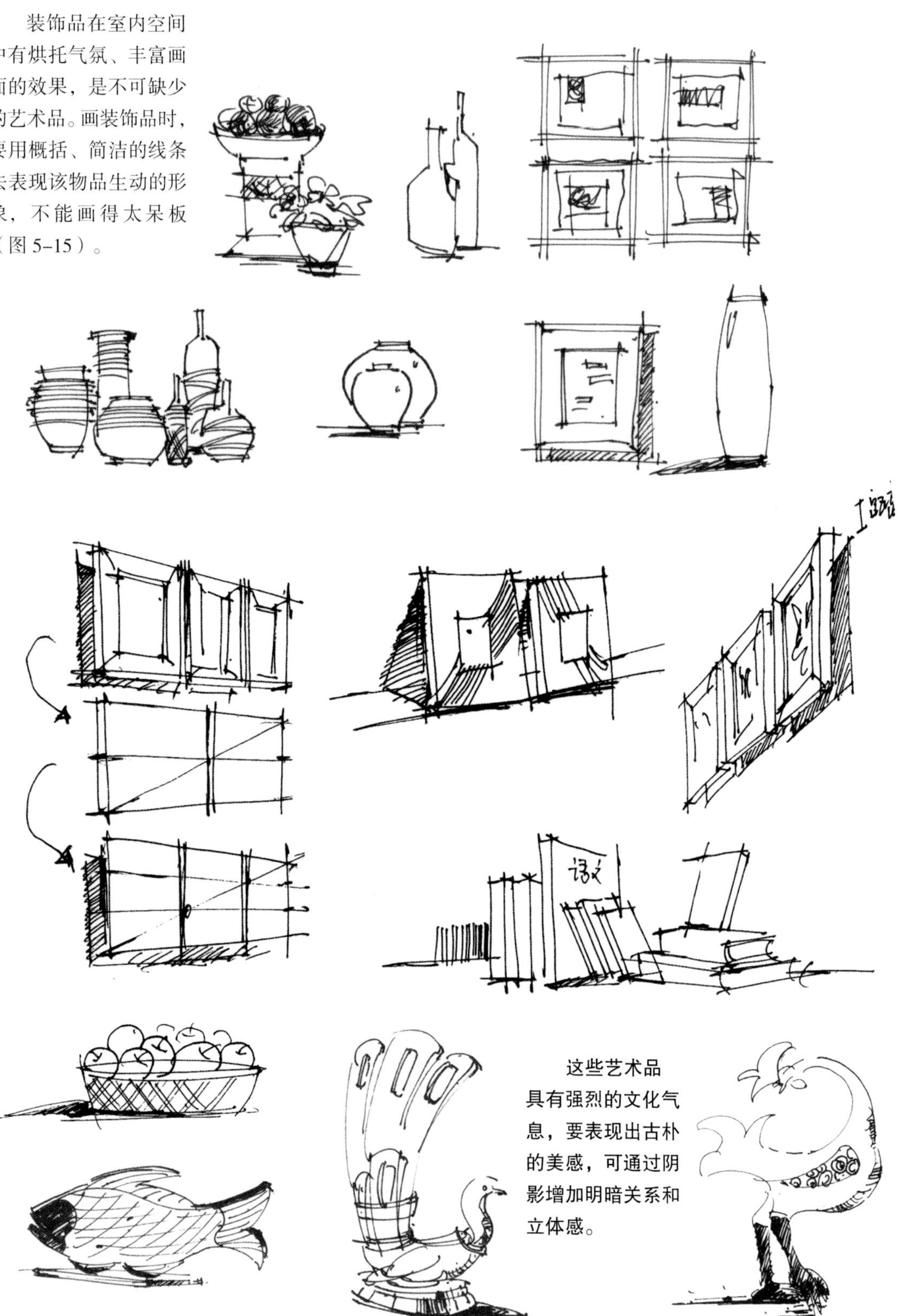

图 5-15 装饰品的表现（魏安平 作）

Indoor combination

第6章　室内组合篇

室内组合更多要考虑物体之间的空间关系和比例关系，重点是如何处理这些关系。

6.1 组合沙发训练

6.1.1 组合训练 1

步骤 1：将沙发的靠背高度定位在视平线上，同时再定出扶手的高度，而圆凳是在沙发的前面，沙发是双层的（图 6–1）。

图 6–1 定位高度

步骤 2：定出沙发的深度，再添加抱枕、书籍、落地灯，完善圆凳、沙发和布艺的整体结构（图 6–2）。

图 6–2 添加配景

步骤 3：添加沙发、抱枕、布艺和投影灯等物体的投影，同时也要注意台灯纹路的表现（图 6–3）。

图 6–3 投影的表现（魏安平 作）

6.1.2 组合训练 2

步骤 1：将沙发的靠背高度定位在视平线上，这样更加容易把握好它们的整体比例；布艺的走向也要遵循透视线，这样才能感觉布艺平铺在地面上（图 6–4）。

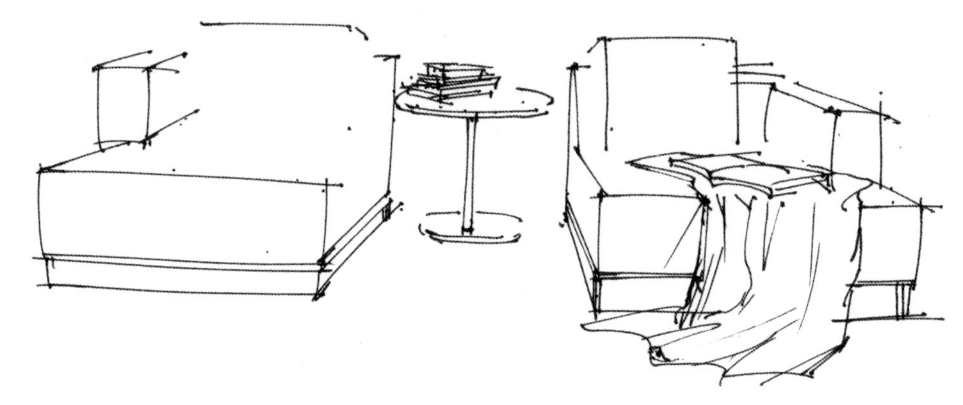

图 6–4 定位高度

步骤 2：基本上完成沙发造型以及配景的刻画（图 6–5）。

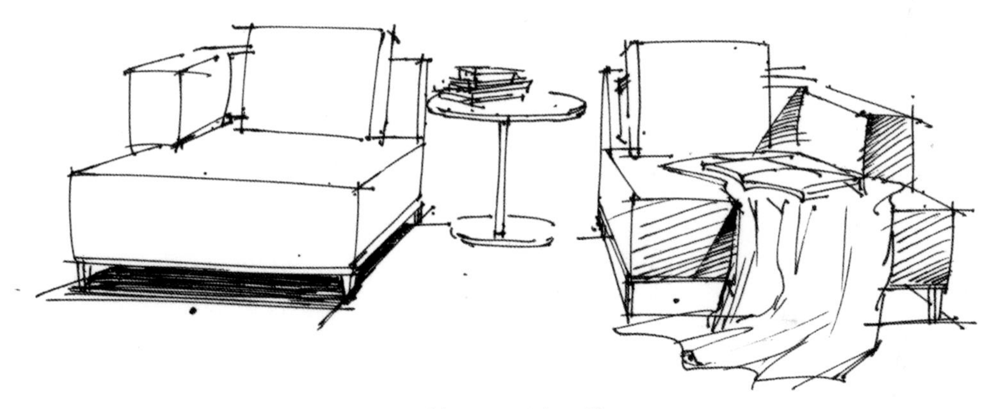

图 6–5 添加配景

步骤 3：添加各物体投影，同时也要刻画光影效果，把物体的面与面区分（图 6–6）。

图 6–6 投影的表现（魏安平 作）

6.1.3 组合沙发的表现（图 6-7 ～图 6-11）

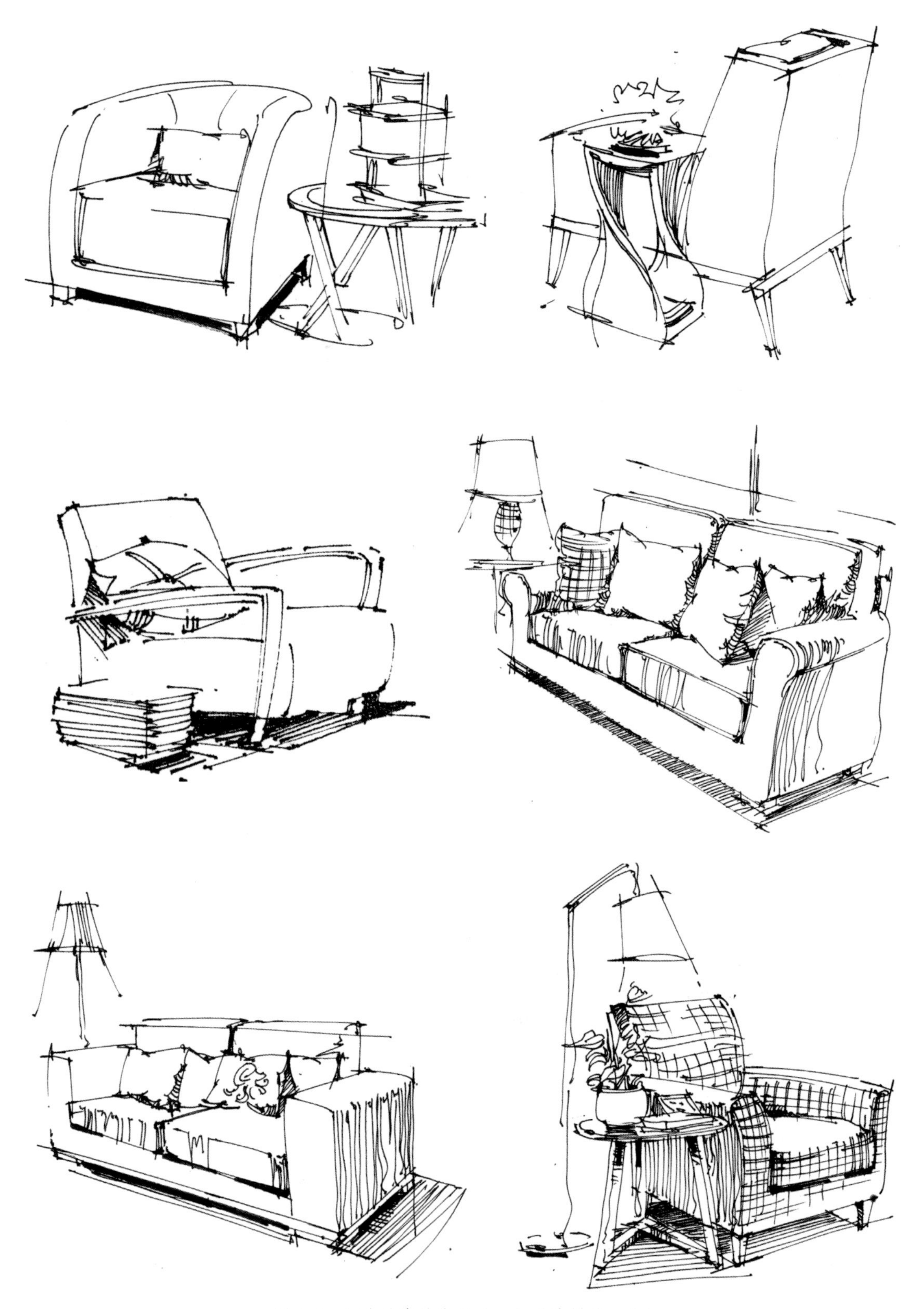

图 6–7　组合沙发的表现（一）（陈锐雄　作）

图 6-8　组合沙发的表现（二）（魏安平　作）

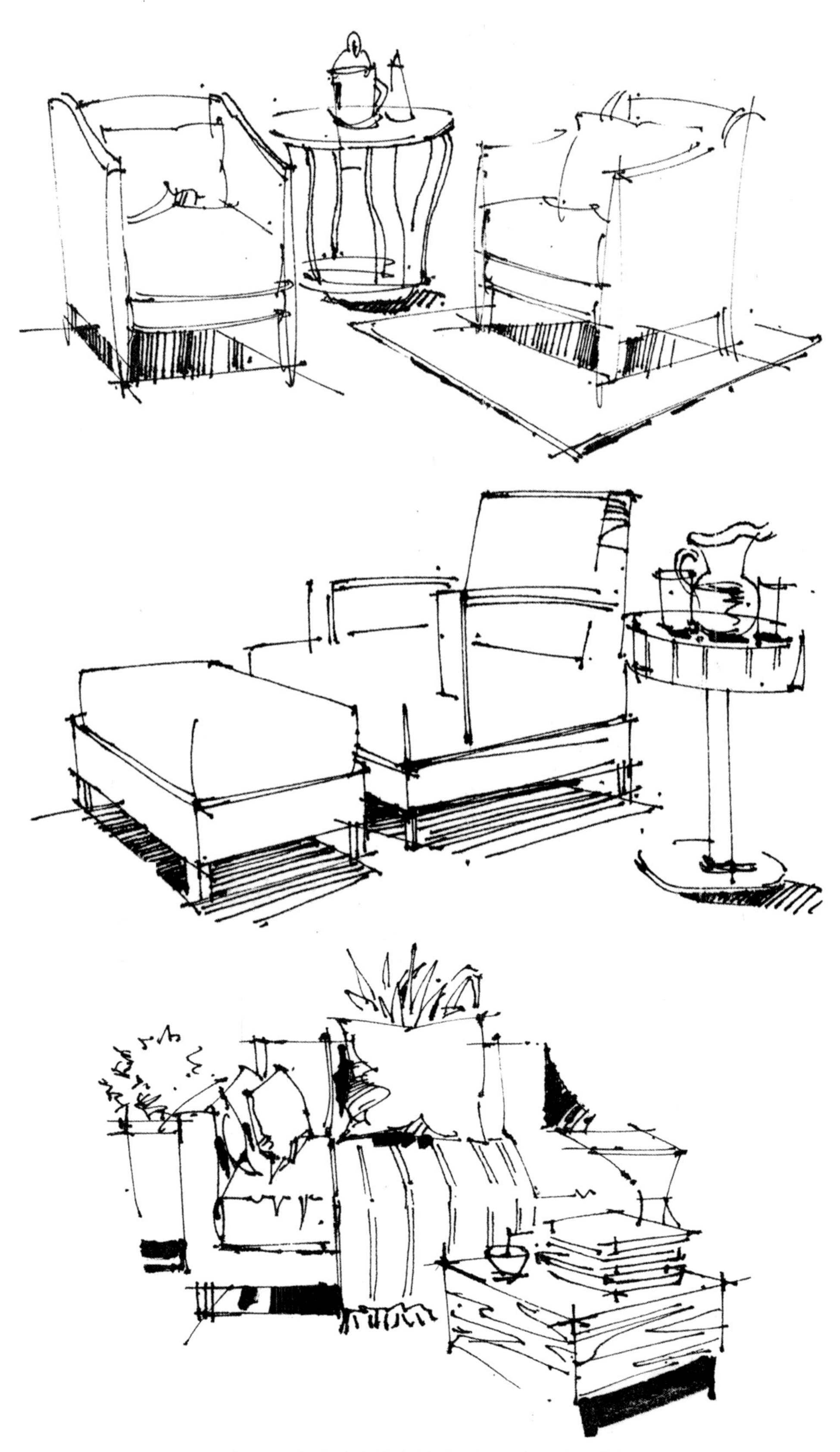

图 6-9　组合沙发的表现（三）（魏安平　作）

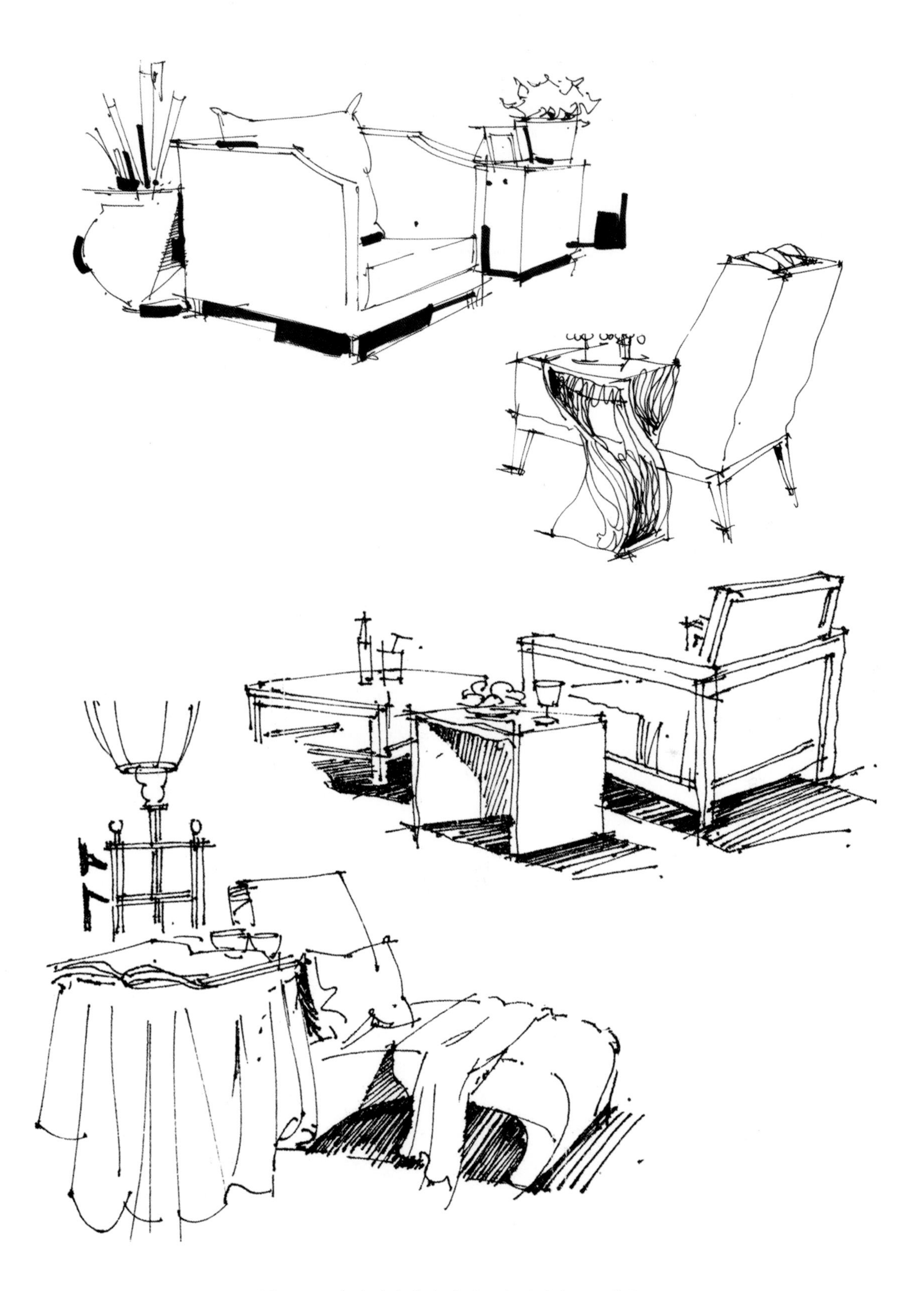

图 6–10　组合沙发的表现（四）（魏安平　作）

注意沙发的款式和物体间的空间关系。有些线条不要画得过满，可以适当断开、留白，增强物体的空间感。

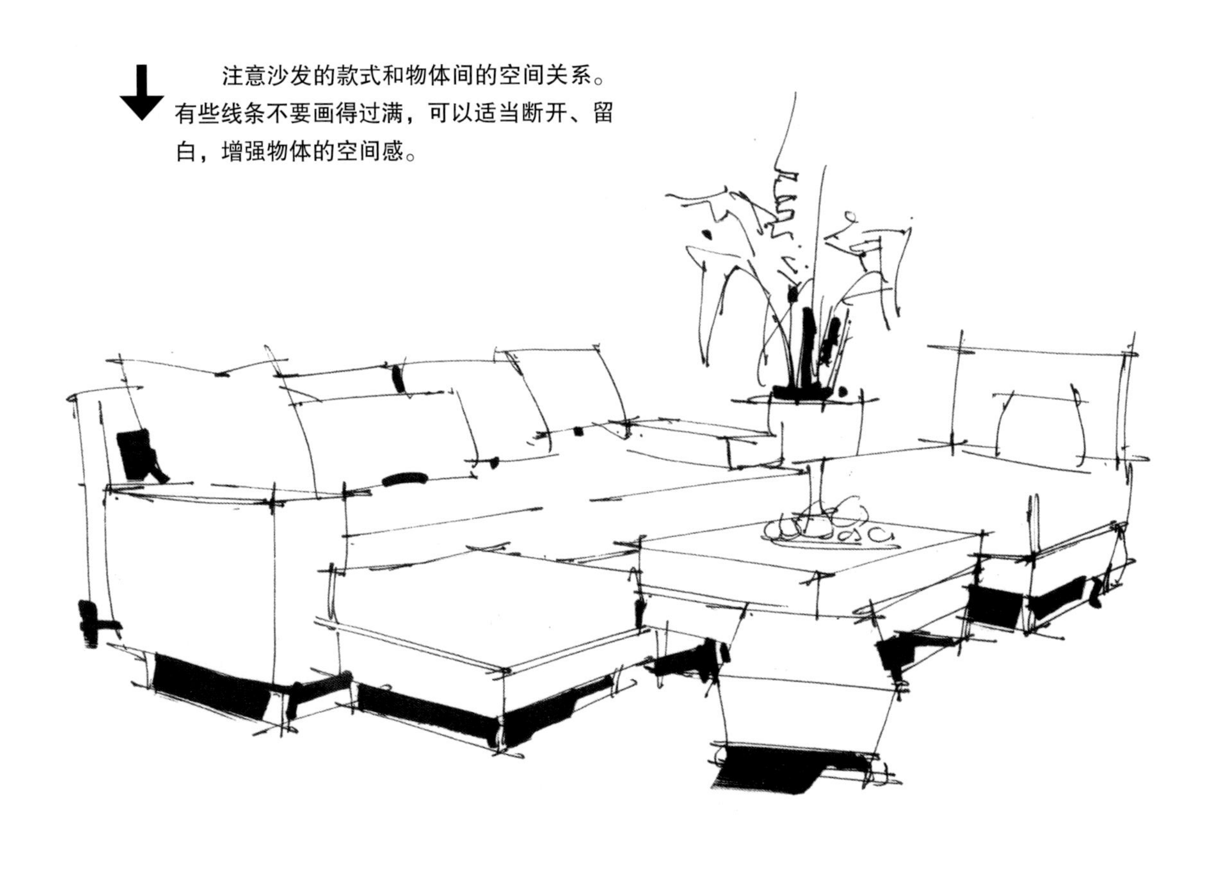

用大胆、肯定的线条去表现室内的陈设，注意沙发之间的透视、比例关系。

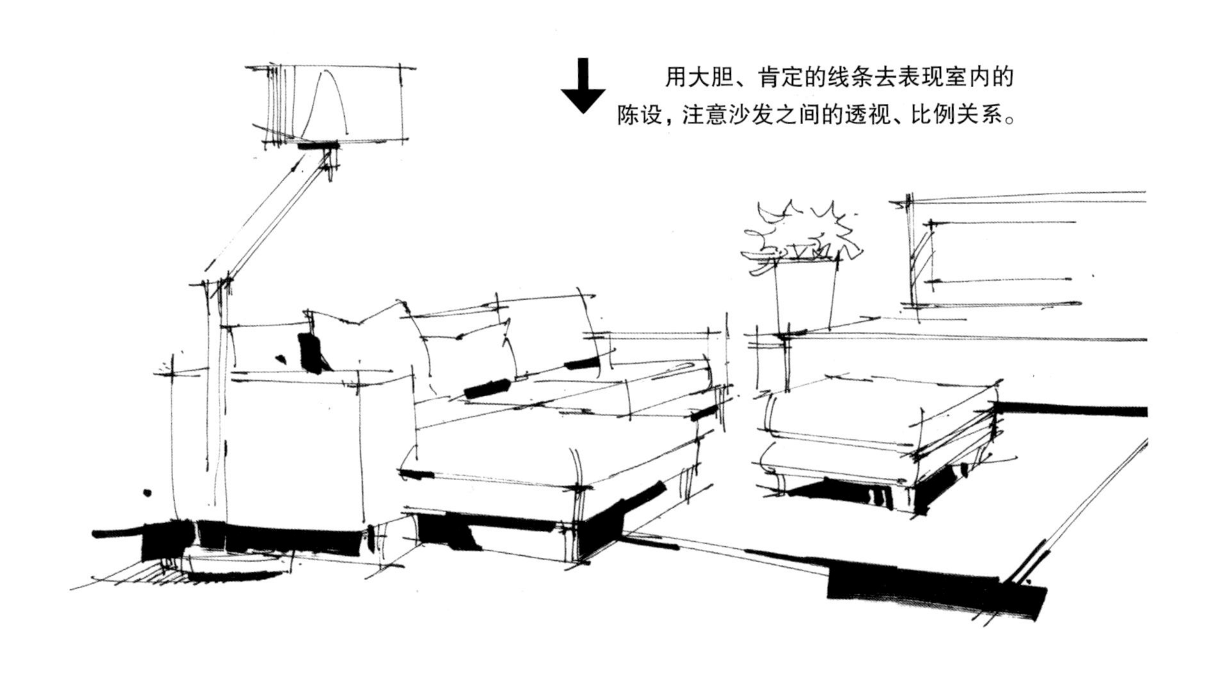

图 6-11　组合沙发的表现（五）（魏安平　作）

6.2 组合床的训练

6.2.1 床的训练 1

步骤 1：确定透视角度、长高比例，注意透视面的高度不宜过高（图 6–12）。

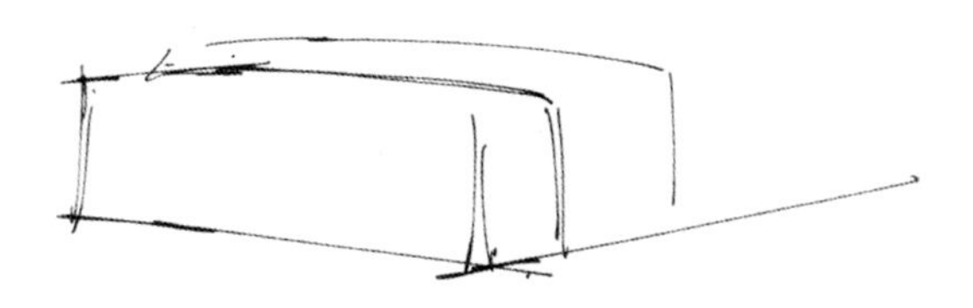

图 6–12 确定透视比例

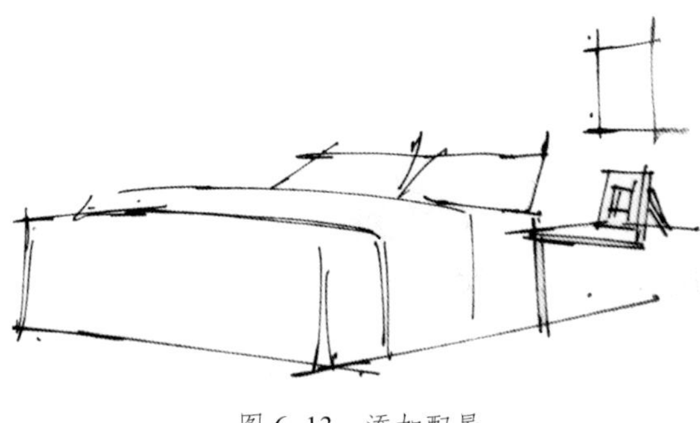

图 6–13 添加配景

步骤 2：按透视方向添加枕头和床头柜（图 6–13）。

步骤 3：床底下的投影线和床头侧板要和透视一致（图 6–14）。

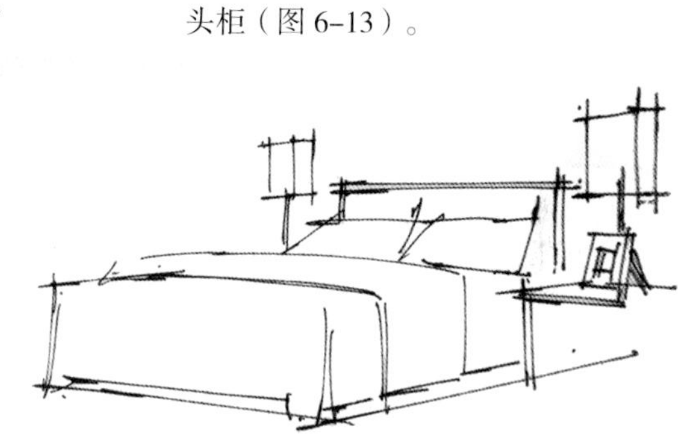

图 6–14 投影线的处理

步骤 4：添加远景的沙发，注意比例和透视方向（图 6–15）。

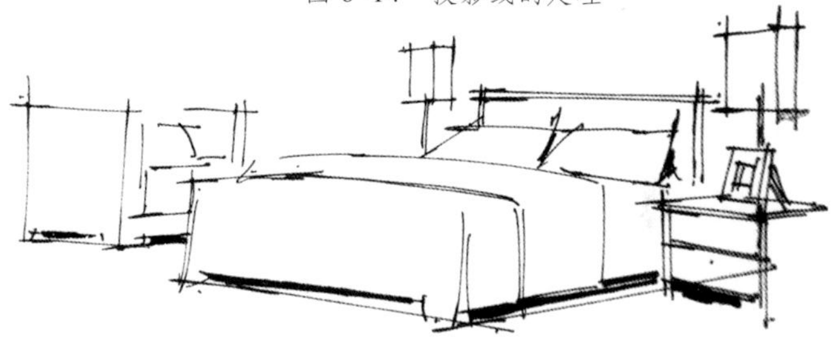

图 6–15 添加远景

步骤 5：完善地毯和各物体相互之间的投影关系，增加质感的处理（图 6–16）。

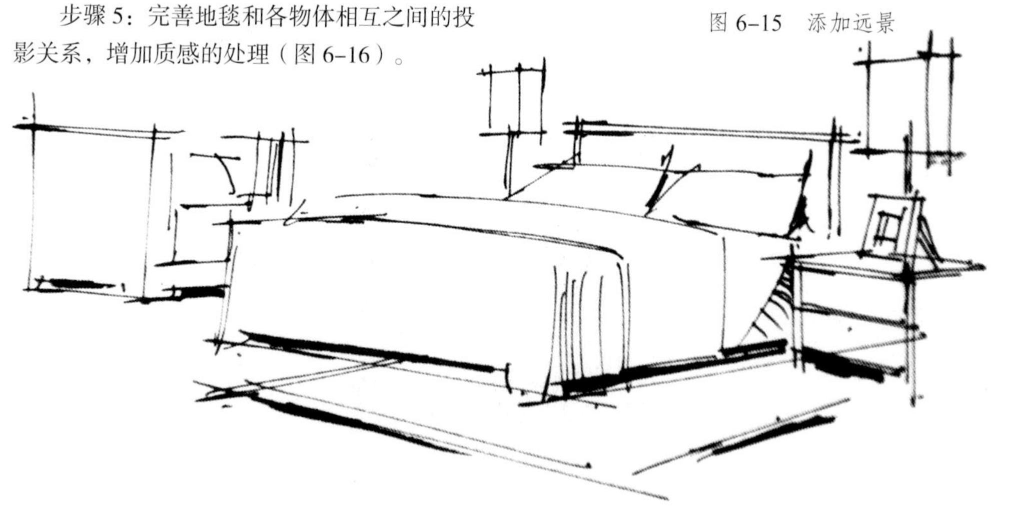

图 6–16 完善投影关系（方灿杰 作）

6.2.2 床的训练 2

步骤 1：确定床的高度，注意床单的褶皱处理（图 6–17）。

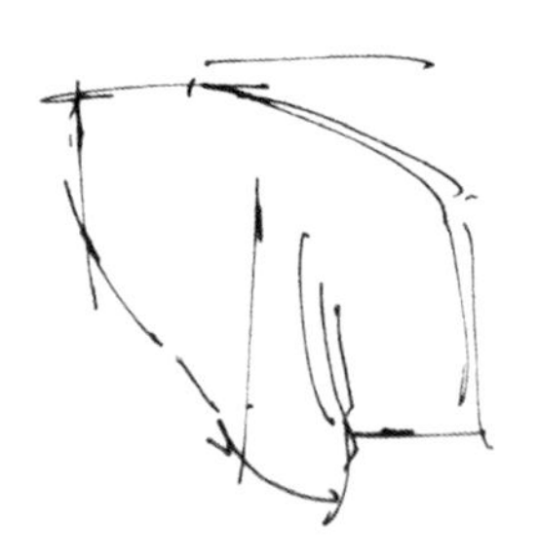

图 6–17 确定高度

步骤 2：明确透视方向，床头的侧板和枕头、床单都要遵循透视的规律——近大远小（图 6–18）。

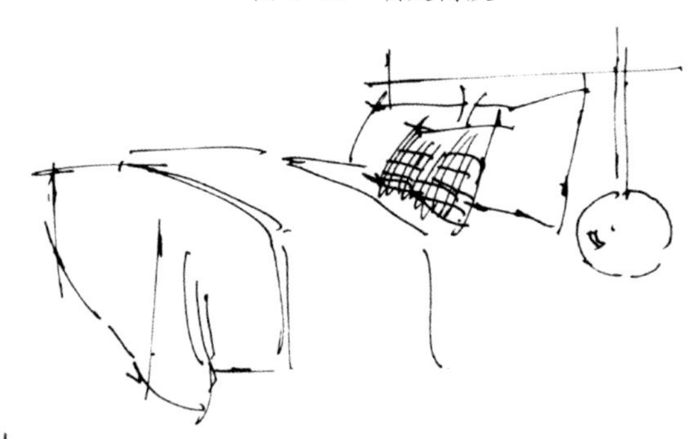

图 6–18 明确透视方向

步骤 3：完善软饰，添加纹理（图 6–19）。

图 6–19 完善软饰

步骤 4：深入刻画物体间的投影，添加远景的家具，注意前后关系，把握好整体结构（图 6–20）。

图 6–20 深入刻画（方灿杰 作）

6.2.3 组合床的表现（图 6-21 ～图 6-23）

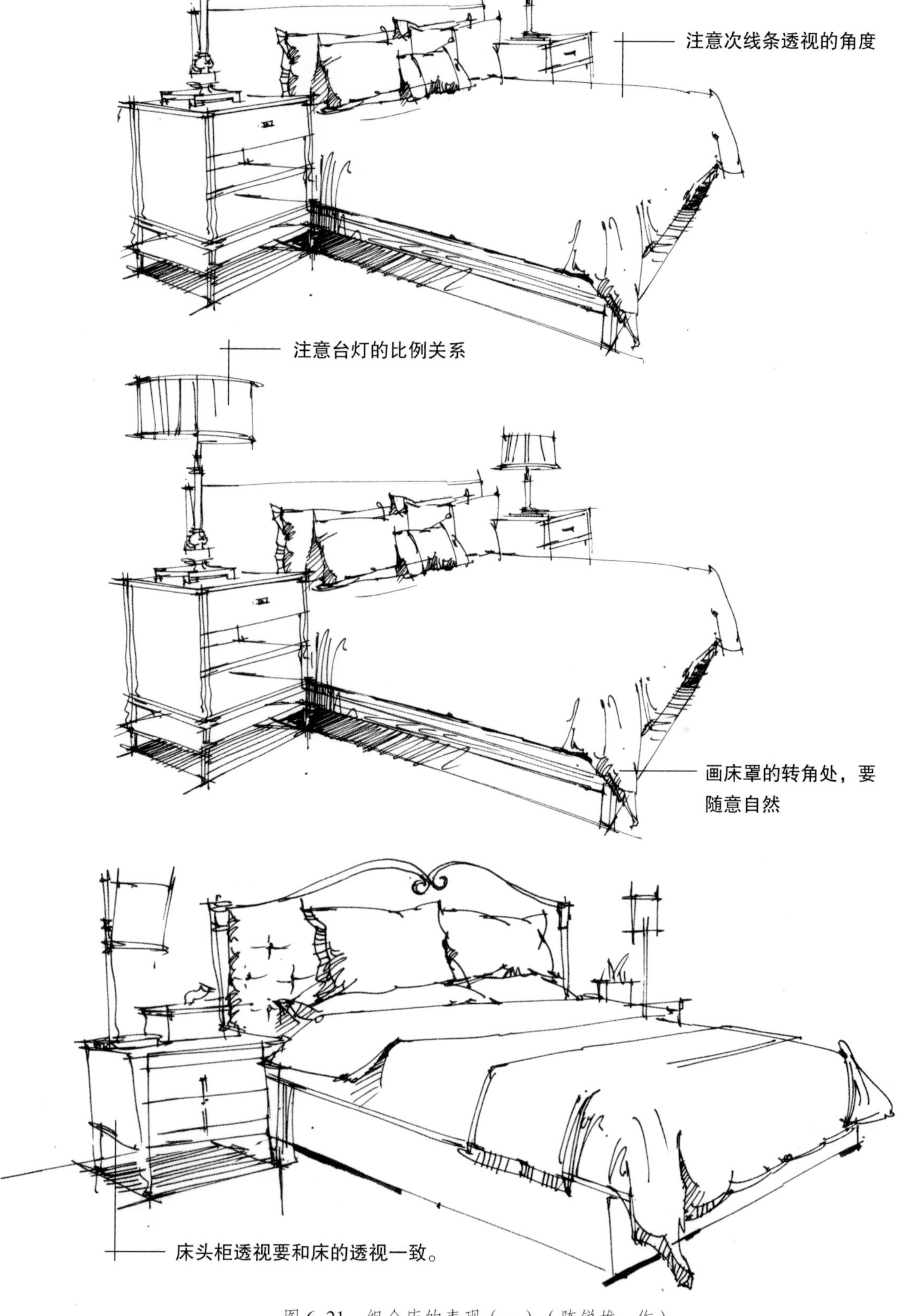

图 6-21 组合床的表现（一）（陈锐雄 作）

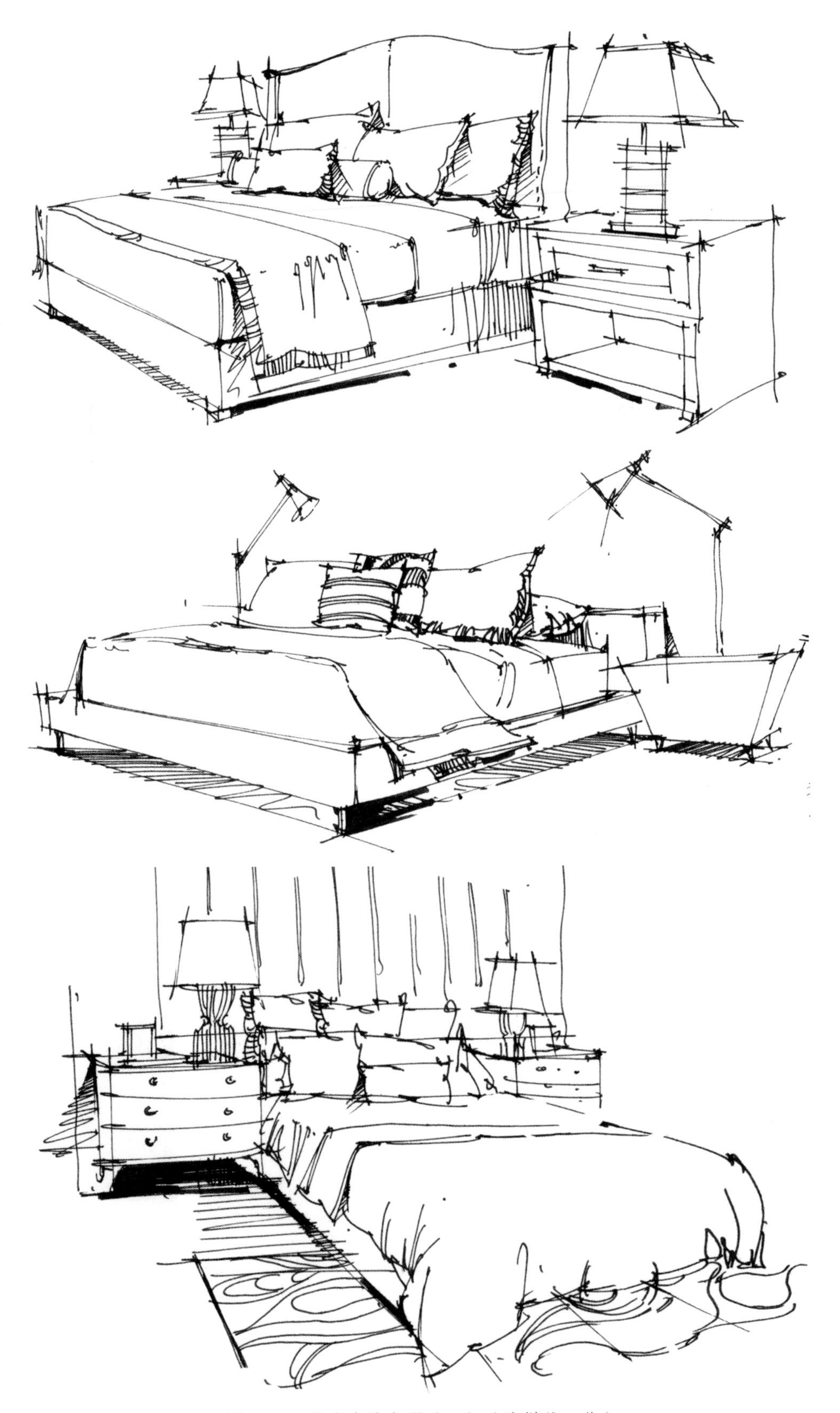

图 6-22　组合床的表现（二）（陈锐雄　作）

图 6-23　组合床的表现（三）（陈锐雄、方灿杰　作）

Indoor space

第 7 章　室内空间篇

室内空间手绘图，是把之前所学的知识点全部串连起来，相对要求比较高。其中包括一点透视和两点透视空间的画法。

7.1 纸上建模——一点平行透视空间训练

7.1.1 空间原理草图分析（图 7–1 ~ 图 7–4）

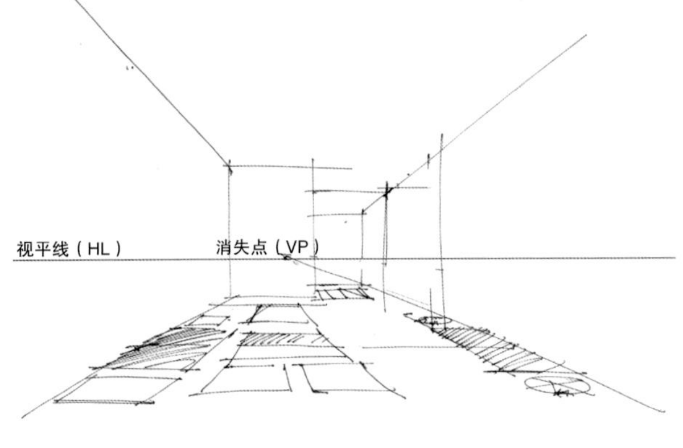

图 7–1 平面图透视化

空间的表现首先要理解平面布局，然后在平面布局的基础上将其透视化（图 7–1）。

将平面透视化处理后，再赋予物体各自的高度，将它们三维化。一般沙发高度为 900mm，茶几高度为 450mm，电视柜高度为 400mm（图 7–2）。

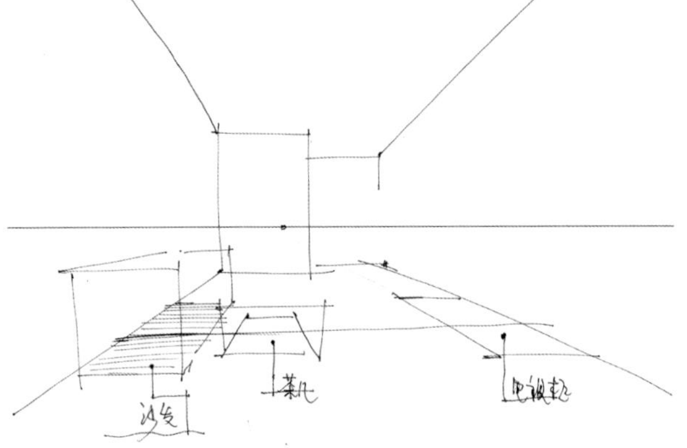

图 7–2 物体三维化

简单理解空间的透视原理，客厅里的沙发、茶几、电视柜、大灯和电视机的位置在同一中轴线上（图 7–3）。

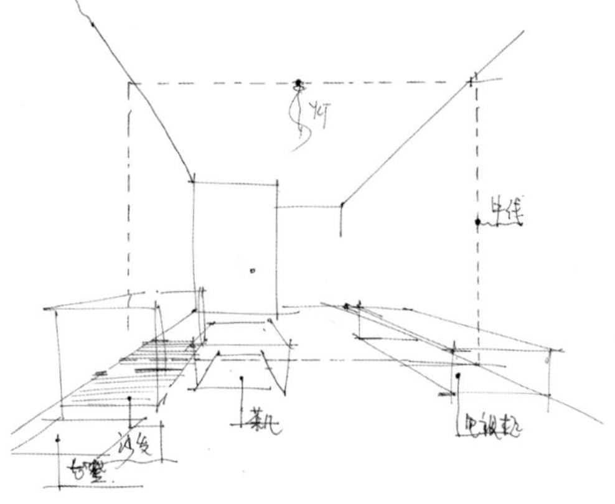

图 7–3 理解空间原理

空间表现中最重要的是，定好视平线（HL）和消失点（VP）。视平线一般定在空间总高度的 1/3 处，这样在室内空间可呈现一种稳重、端正的状态（图 7–4）。

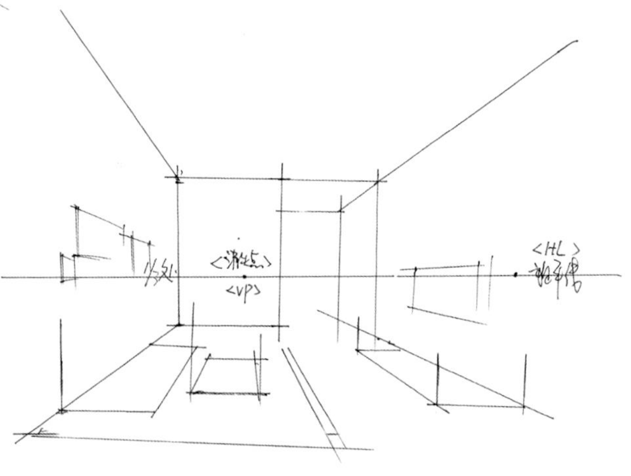

图 7–4 空间的重点分析

7.1.2 空间线稿步骤图

步骤 1：确定空间整体框架，定出视平线，消失点在视平线之上，取其中一点作为消失点。空间的墙体线都应经过消失点（图 7–5）。

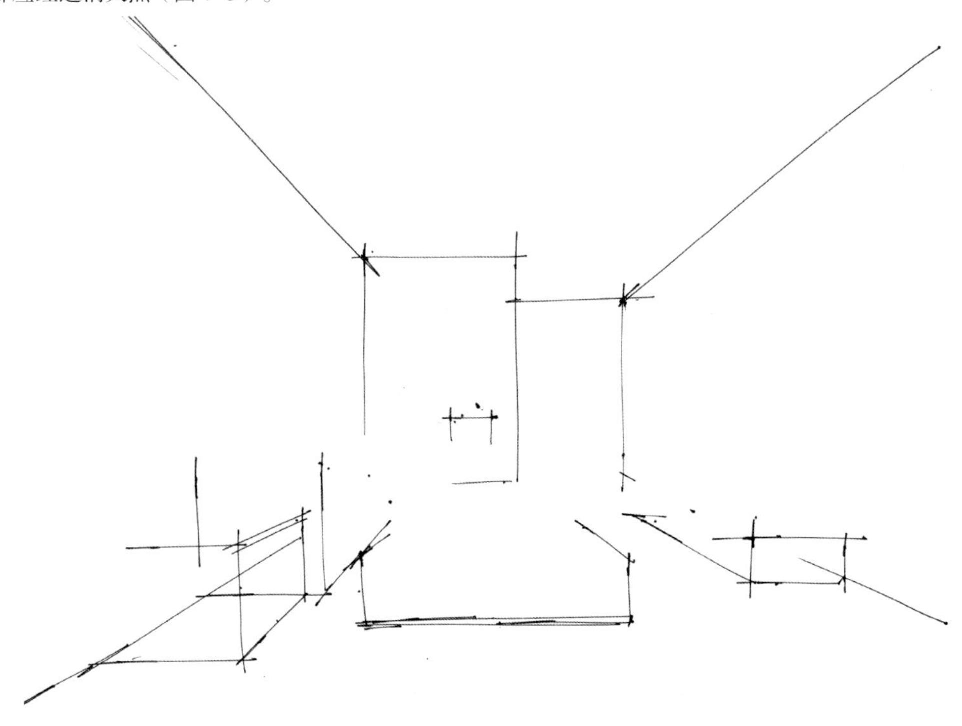

图 7–5 定消失点，起框架

步骤 2：根据透视关系定出物体的底面，再按比例适当升起一定的高度（图 7–6）。

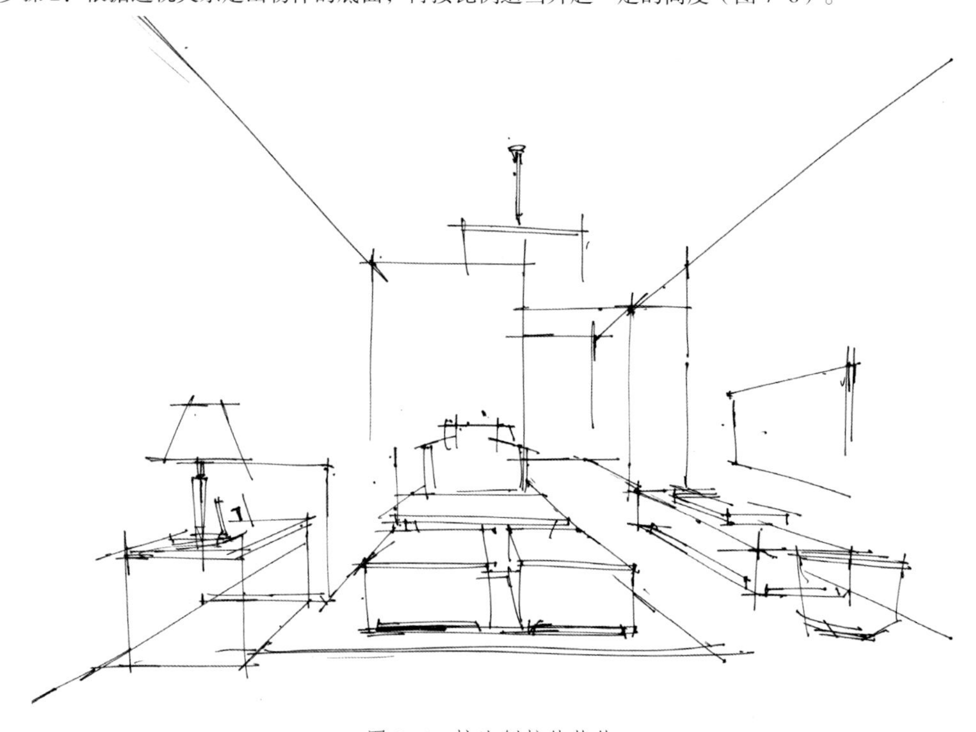

图 7–6 按比例拉伸物体

步骤 3：在原有体块的基础上进行切割，形成单体，再配上电视、挂画、植物等室内物件（图 7–7）。

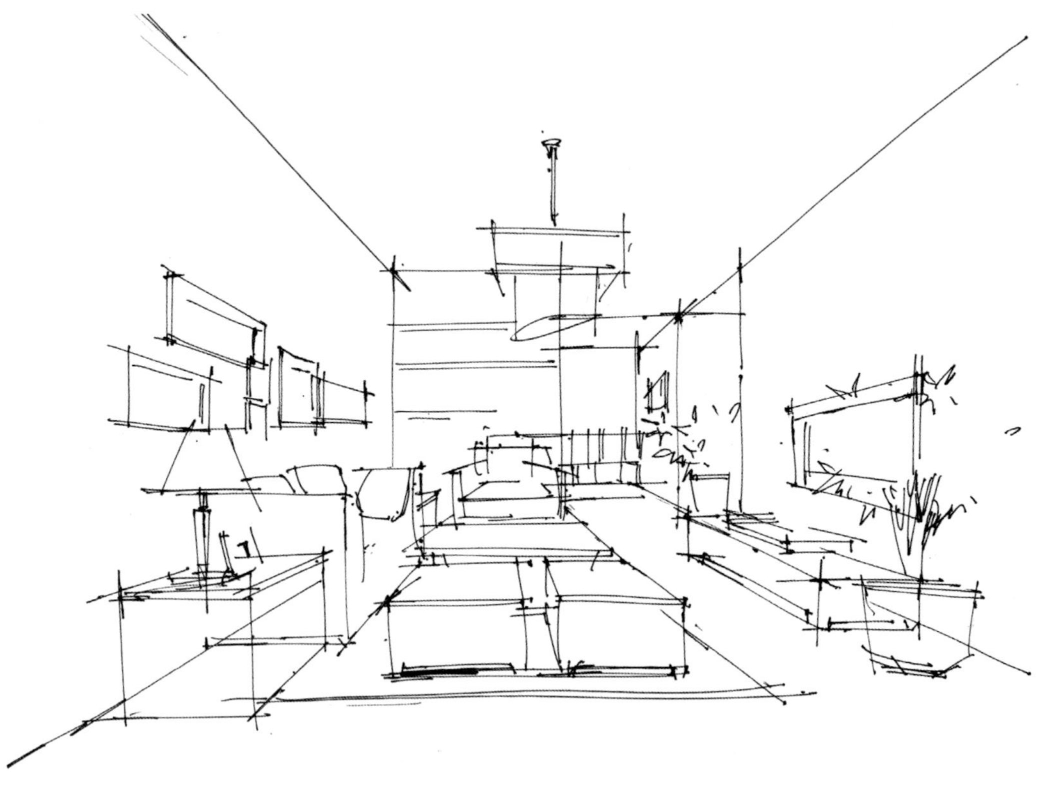

图 7–7　完善室内的形态

步骤 4：表现物体间的关系和层次、投影以及材质肌理。添加投影将更有体积感，材质的表现将拉开空间的层次。注意近实远虚（图 7–8）。

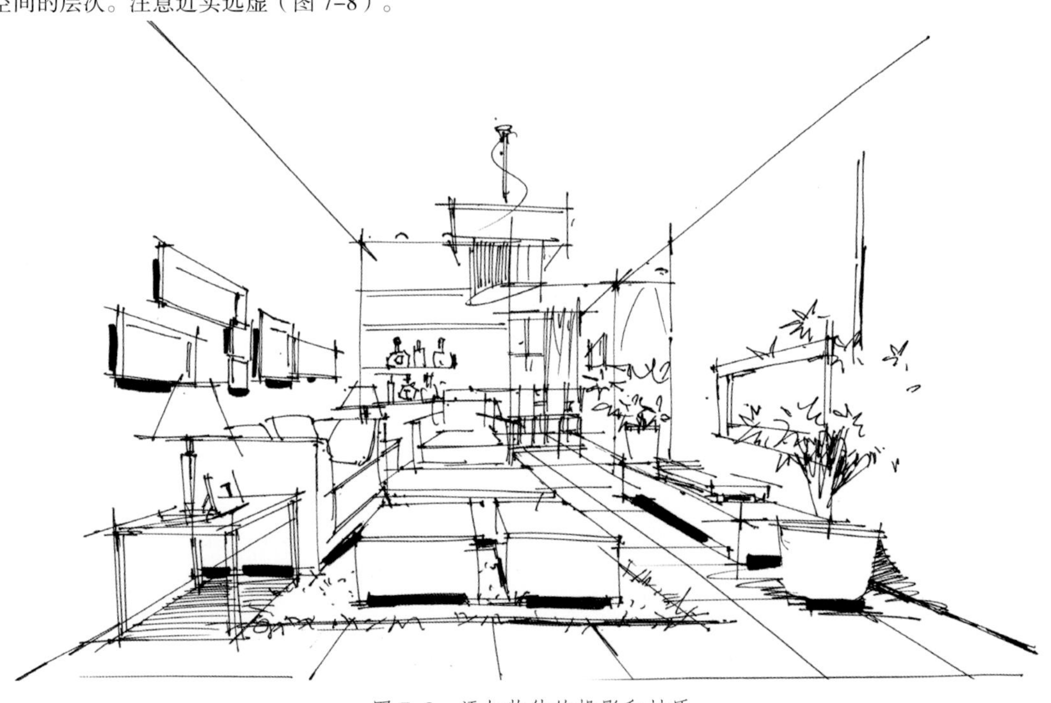

图 7–8　添加物体的投影和材质

7.2 纸上建模——一点斜透视空间训练

7.2.1 空间训练（1）

步骤 1：用铅笔在纸张内勾勒草图，注意构图大小；然后定位空间里面的消失点和视平线，同时把室内四周的墙角线画出来（图 7–9）。

步骤 2：找准物体的空间关系，确定物体的平面位置（图 7–10）。

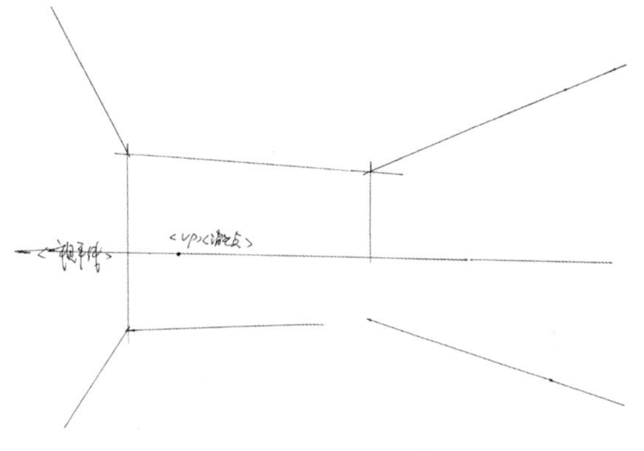

图 7–9 铅笔勾勒草图

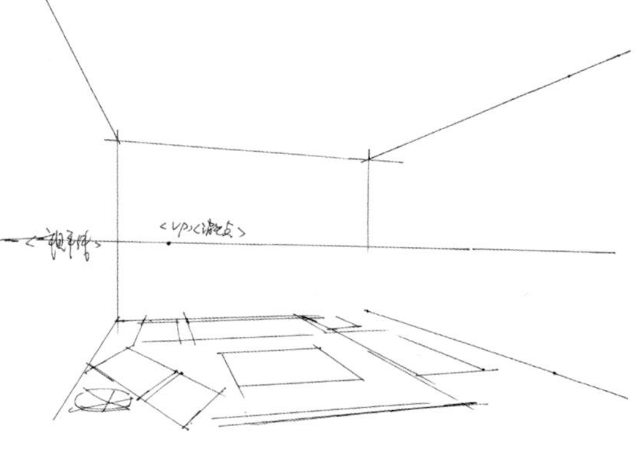

图 7–10 铅笔勾勒物体的比例和位置

步骤 3：用钢笔按照地面的位置、比例和透视关系拉伸物体，赋予其高度（图 7–11）。

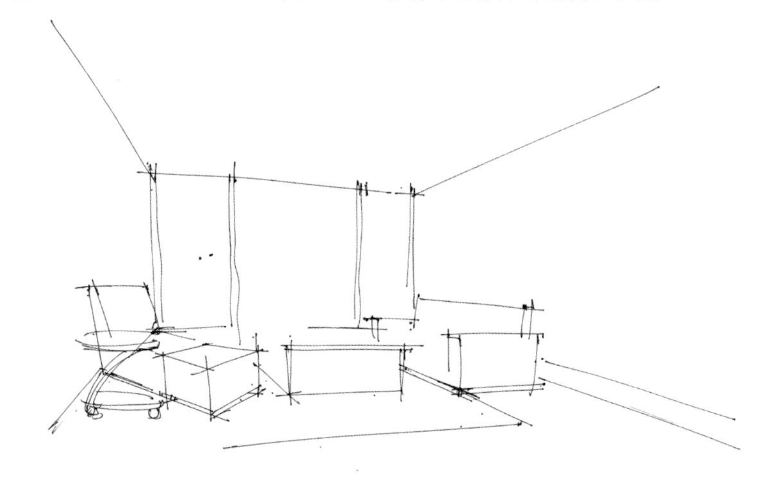

图 7–11 钢笔添加物体家具

步骤 4：完善室内的墙面装饰，添加植物配景增加生机和活力（图 7–12）。

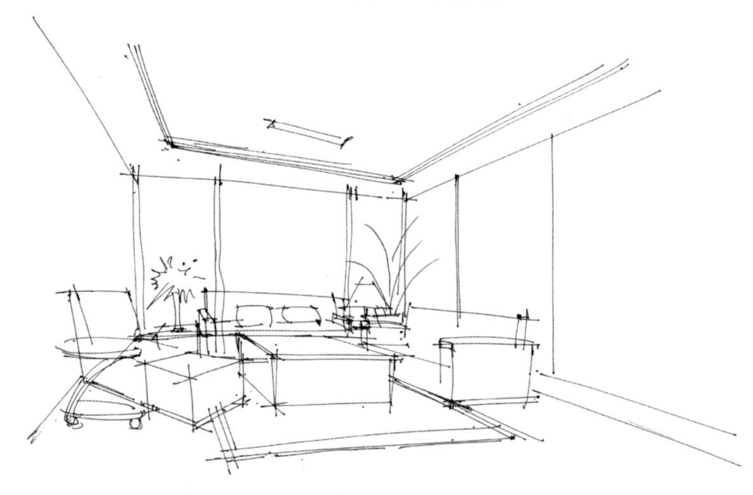

图 7–12 添加植物，完善室内墙面装饰

步骤 5：继续完善室内的软装饰，并细化家具的造型与结构（图 7–13）。

图 7–13　继续完成室内的地面和墙面的软装饰

步骤 6：调整画面的投影与细节，最终完成线稿（图 7–14）。

图 7–14　调整物体的投影和细节 (魏安平　作)

7.2.2 空间训练（2）

步骤 1：首先要思考以什么透视关系表达空间的效果，一点斜透视会比一点平行透视更加生动，避免呈现呆板感。线稿的难点就是视平线的定位和消失点的把握，餐饮桌椅的位置摆放和在同一个透视线上的灯具的透视关系（图 7–15）。

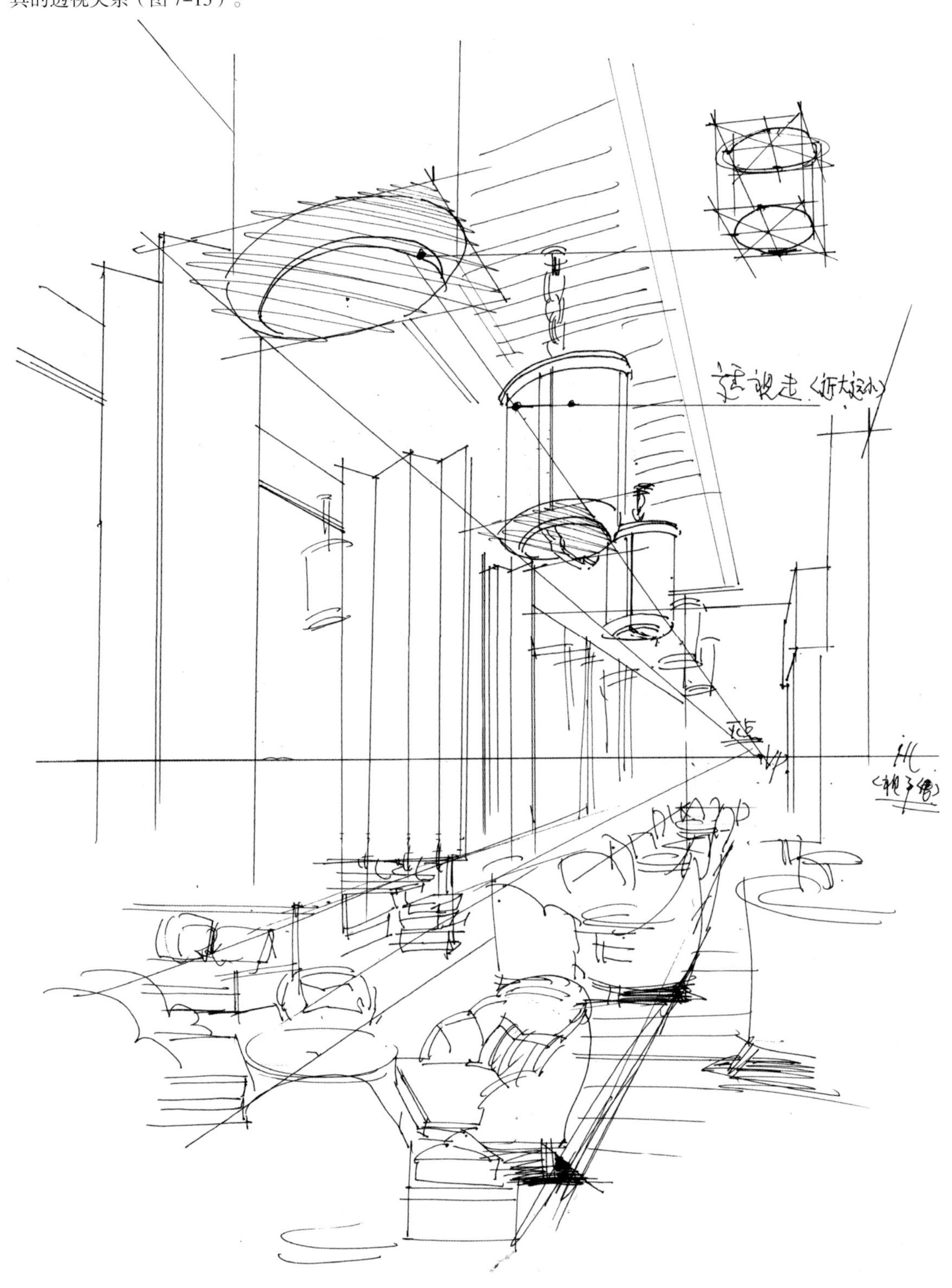

图 7–15　用铅笔打稿，找准透视关系与物体的摆放位置

步骤 2：用钢笔重新勾勒空间线条和物体的造型，其中鸟笼造型灯具的透视和餐椅曲线造型是一个难点，应注意其表现（图 7–16）。

图 7–16　完善整体造型和空间结构

步骤 3：在灯具的基础上添加竖条纹，注意圆柱体的透视原理，以线条的疏密来区分物体的立体感，赋予承重柱外表造型圆环格栅肌理，添加物体的排线和投影（图 7–17）。

图 7–17　添加材质的表现

步骤 4：以排线的表达手法表现物体的明暗，排线的方向应跟着物体的结构方向走，添加餐饮道具、地毯圈纹和投影来营造整体的空间气氛，要遵循前实后虚的原理，同理投影也是一样（图 7–18）。

图 7–18　添加明暗关系和投影关系

7.3 纸上建模——两点透视空间训练

步骤 1：从单体开始入手，确定两个沙发单体的透视方向和比例（图 7–19）。

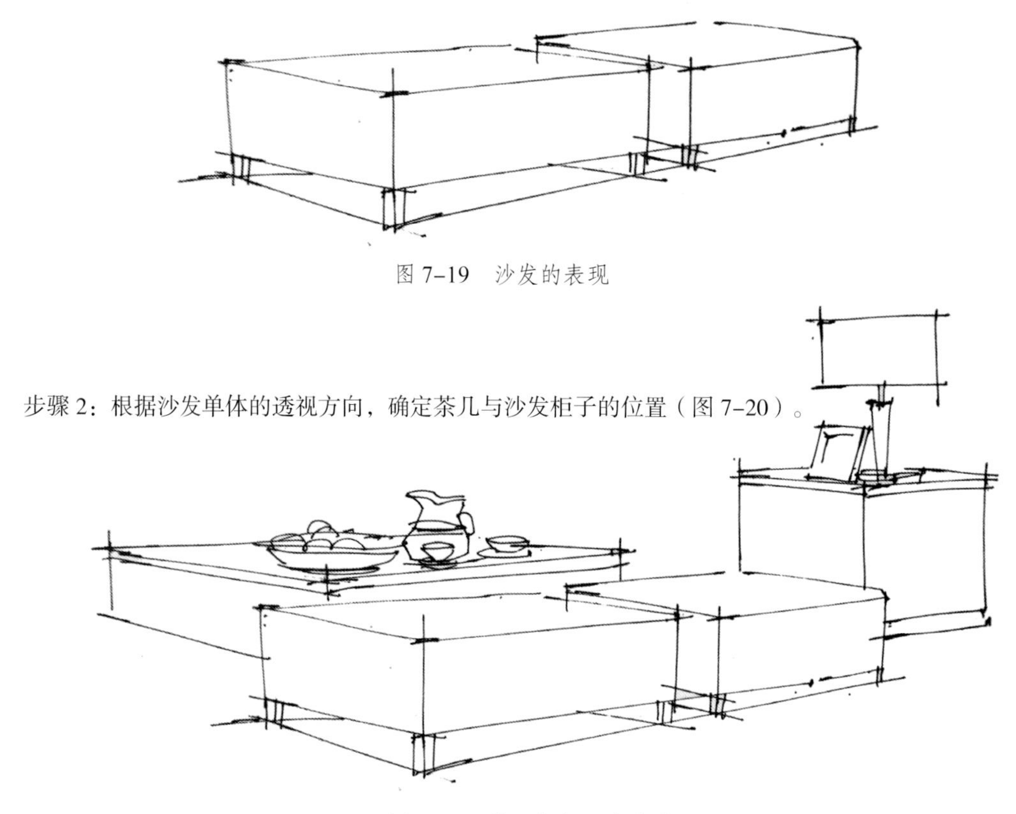

图 7–19 沙发的表现

步骤 2：根据沙发单体的透视方向，确定茶几与沙发柜子的位置（图 7–20）。

图 7–20 茶几与柜子的表现

步骤 3：同理将后面的沙发刻画出来（图 7–21）。

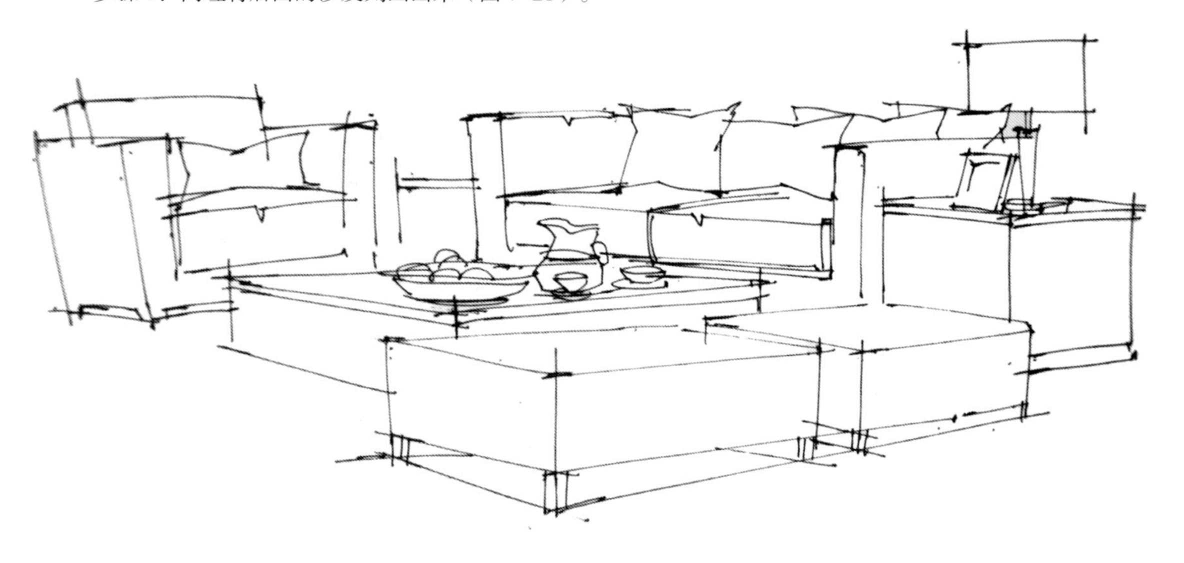

图 7–21 后面沙发的表现

步骤 4：把墙角的透视线找出来，同时把墙面的装饰也刻画出来（图 7–22）。

图 7–22　刻画墙面装饰

步骤 5：把物体之间的阴影刻画出来（图 7–23）。

图 7–23　刻画物体阴影

步骤 6：根据窗边的光线来源，找出物体的明暗关系（图 7–24）。

图 7–24　找出物体的明暗关系

步骤 7：深入刻画画面，调整物体的质感，添加植物，最终完成线稿（图 7–25）。

图 7–25　深入刻画画面

7.4 室内空间线稿综合范例（图 7–26 ~ 图 7–38）

| 形 · 神 |

一点平行透视效果图是室内设计手绘图表现中常用的手法之一，因为它有视觉冲击力强、空间较稳重的效果，而且更重要的是视野开阔，进深感强，相对容易掌握。

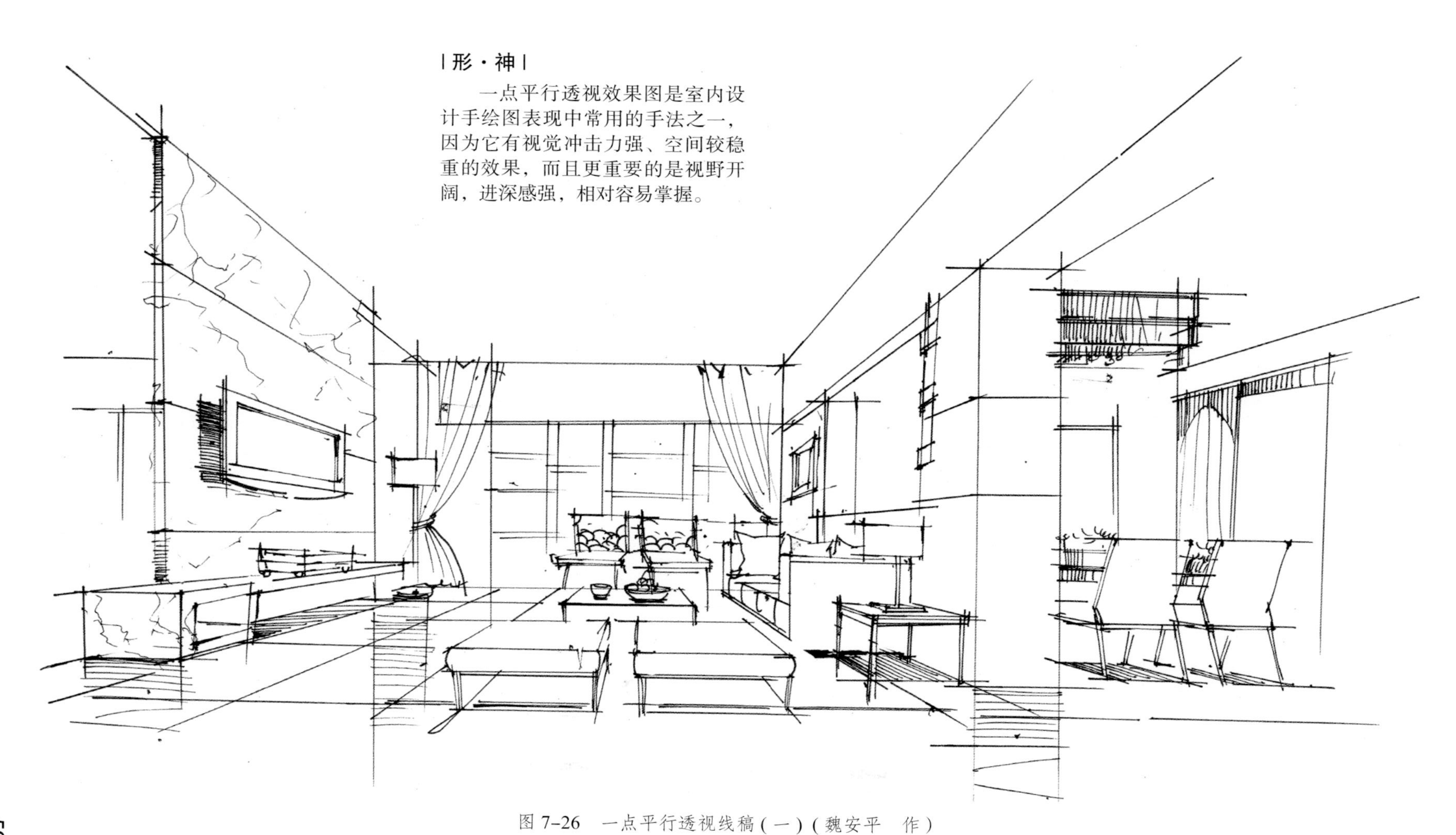

图 7–26　一点平行透视线稿（一）（魏安平　作）

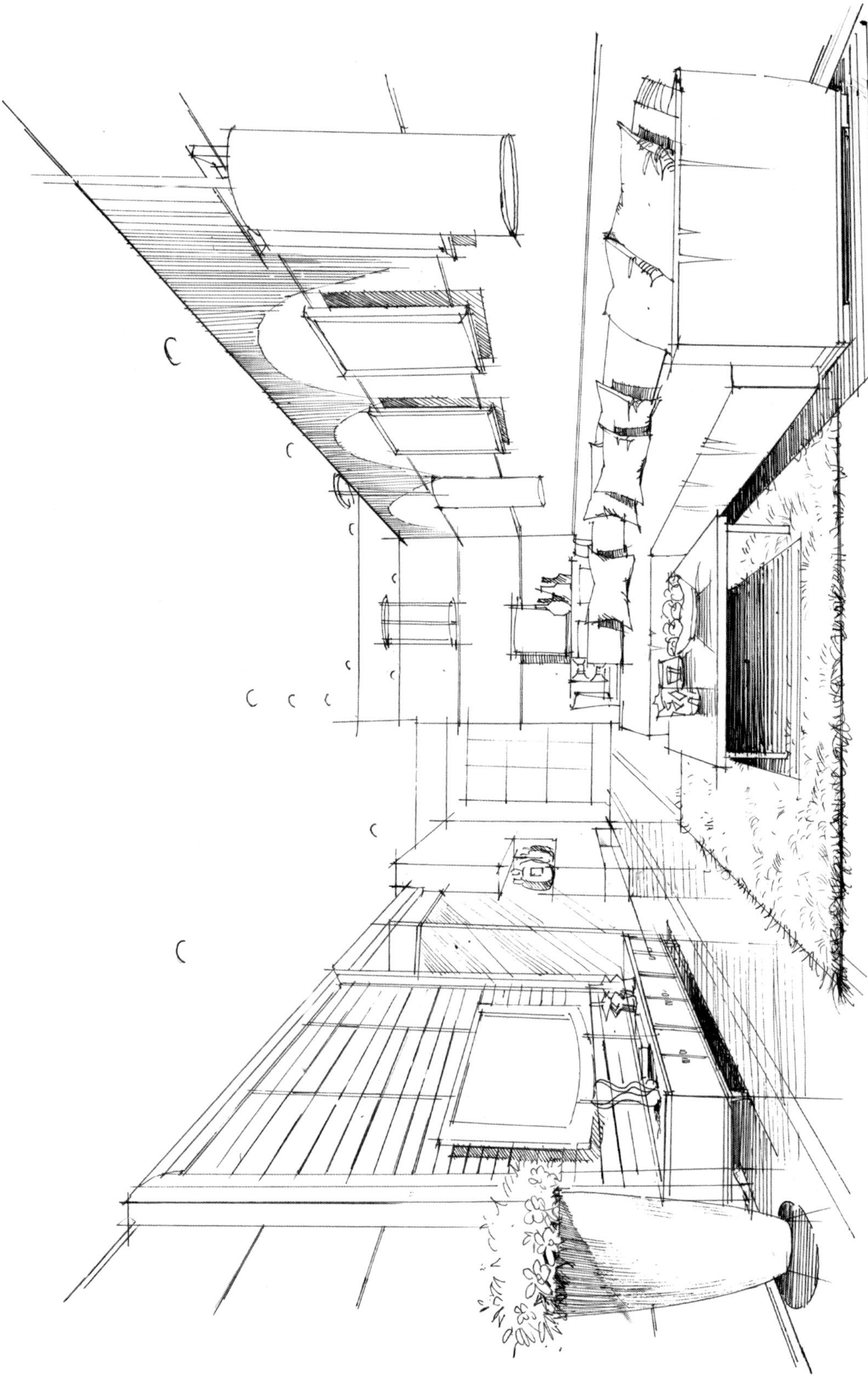

图 7-27　一点平行透视线稿（二）（魏安平　作）

图 7-28　一点平行透视线稿（三）（魏安平　作）

图 7–29　一点平行透视线稿（四）（魏安平　作）

| 中景木材质的表现 |

中景木材质用曲线或直线表现均可。

图中采用了中间密两头稀的表现手法。

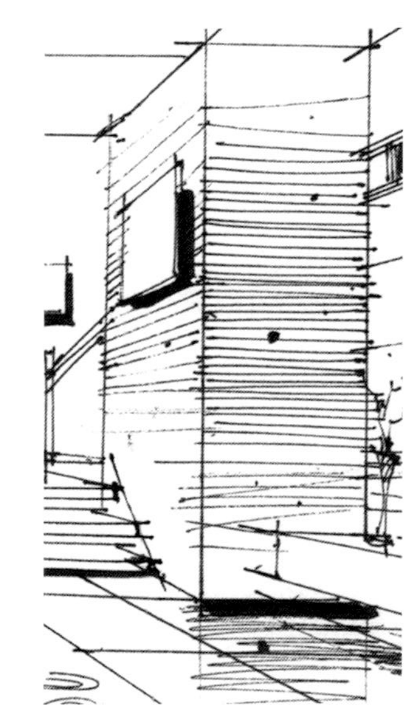

| 近景木材质的表现 |

近景木材质的表现需注意曲线的运用，即木纹肌理（曲线）的疏密排线变化。木纹曲线疏密渐变做好后通过打点的方式表现木纹粗糙的肌理感，从而做到点、线、面相结合。

图 7–30　一点斜透视线稿(一)(魏安平　作)

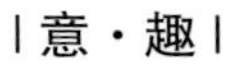

|意·趣|

风格和个性是设计的灵魂，它集中反映为整体效果的“意”和“趣”，一点斜透视恰恰反映了这种效果，提升了审美趣味和艺术感染力。

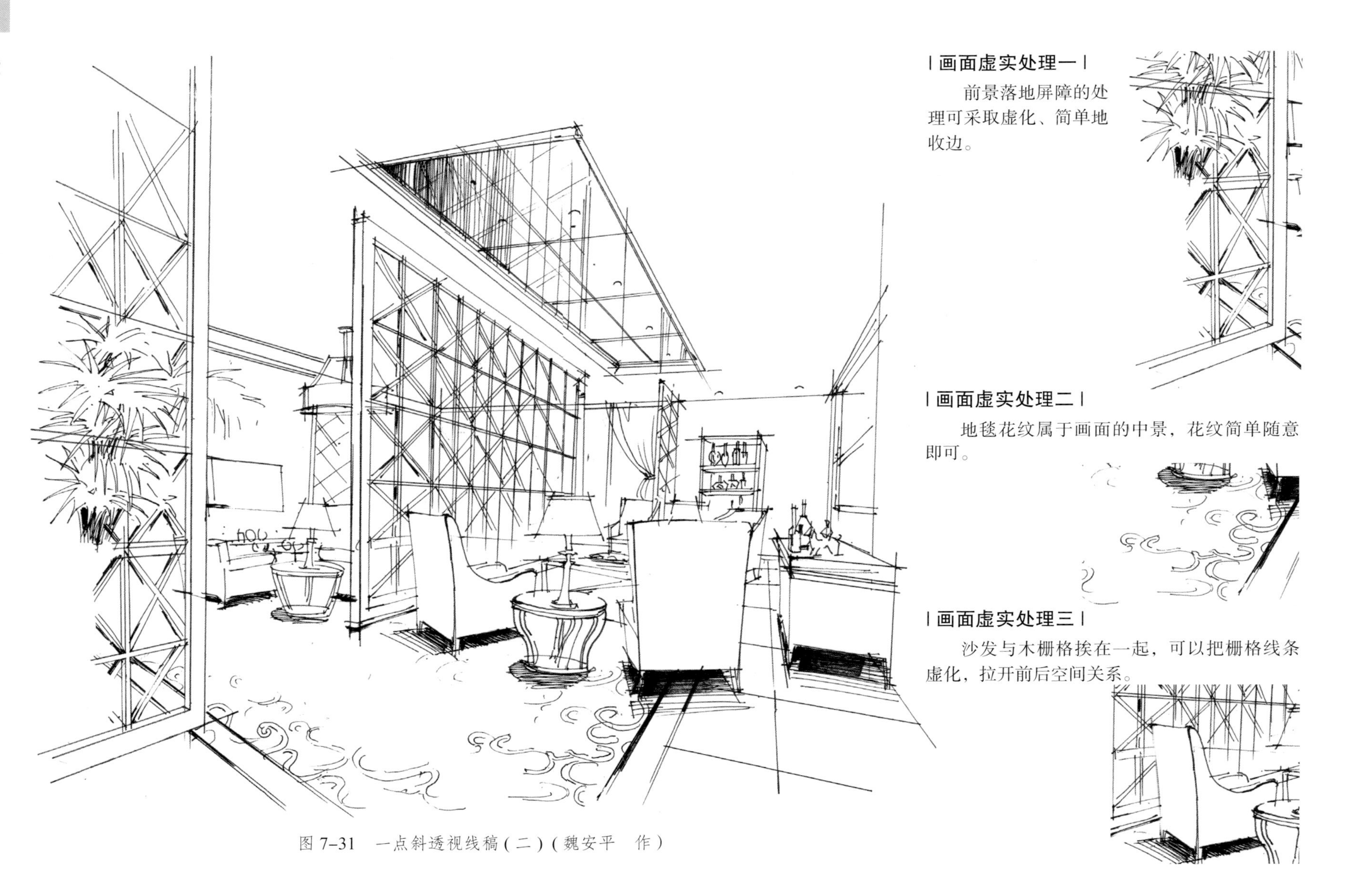

图 7-31　一点斜透视线稿（二）（魏安平　作）

| 画面虚实处理一 |

前景落地屏障的处理可采取虚化、简单地收边。

| 画面虚实处理二 |

地毯花纹属于画面的中景，花纹简单随意即可。

| 画面虚实处理三 |

沙发与木栅格挨在一起，可以把栅格线条虚化，拉开前后空间关系。

| 现代中式元素读解 |

在软装方面，配饰选用了有着中式余韵的吊灯。现代实木雕花，流淌着纯粹的中式元素。 在家具方面，选用祥云为主线，棕色与白色形成鲜明的对比，营造出一种简约、极致的新中式效果。

图 7–32　一点斜透视线稿（三）（杨杏华　作）

图 7–33　一点斜透视线稿（四）（陈锐雄　作）

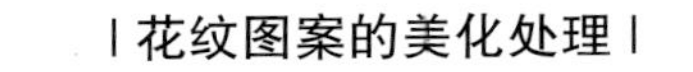

| 花纹图案的美化处理 |

花纹图案的处理，注意生动自然的表现以及虚实大小的错落即可。

| 椅子靠背变化的处理 |

椅子的形态各异，图中椅子的形状主要是以弧形椭圆为主，处理这类家具时要注意弧线的应用、光影的虚实变化以及线条的轻重。

丨光影关系的处理丨

图中床头柜和右侧柜子的光影处理不同的原因主要是分别受台灯和射灯的影响，光影刻画需注意排线虚实的变化以及材质的表现。如床头柜木材质是硬的，应用直线排效果；抱枕是布艺软材质应用曲线表现。

图 7–34　一点斜透视线稿（五）（方灿杰　作）

图 7-35　一点斜透视线稿（六）（方灿杰　作）

I 软材质配饰设计一 I

窗帘布艺捆扎处理时需注意布纹肌理的走向和流畅特性，布纹的疏密虚实均可用柔软的曲线表现。

I 软材质配饰设计二 I

毛巾被褥的表现同理均用曲线表现，注意光影虚实即可。

I 软材质配饰设计三 I

地毯花纹的处理应细腻且条理清晰，注意疏密、虚实变化，要根据光影走向逐步深入刻画。

| 单体组合的精细刻画 |

在完整空间的线稿表现中出彩的刻画必不可少，要想做到简练而不简单，这就需要注重处理手法上的技巧问题，如单体的大小、比例和光影的轻重。

图 7-36　一点斜透视线稿（七）（陈锐雄　作）

| 中式元素的表现 |

现代室内设计中式元素的表现主要概括为布艺花纹图案、雕窗木刻花纹、灯饰和地砖花纹图案等。图中中式元素主要体现在抱枕花纹图案上，是“福”字的提炼演变。

图 7-37　一点斜透视线稿（八）（杨杏华　作）

图 7-38　一点斜透视线稿(九)(魏安平　作)

| 传统与现代 |

传统与现代的结合，冷色调与暖色调的搭配是中式风格比较难处理的部分，图中运用非常简练的笔触和色彩表现出木材与石材的质感，把它原有的生命生动地表达出来。

Color

第 8 章　色彩篇

在色彩理论中占有重要地位的是明度（这里指的是用素描关系绘制体积）。在艺术研究的不同方向中，色彩研究也许是最深奥的、最难精通的。掌握好最重要的色彩特性能够让你的艺术作品增添魅力。

8.1 色彩的主要特性

色彩的四个主要特性：色相、明度、饱和度（又称纯度）和冷暖，如果你对这些色彩特性有所了解的话，那么你该怎么去画是毫无限制的。色彩原理的理论学科有很多种，不是需要了解所有理论才能画出好的作品，但掌握些理论必定都是个好的开始。

8.1.1 色环的理解

色环是由原色、二次色和三次色组合而成。色环中的三原色是红、黄、蓝，在环中形成一个等边三角形。红橙、黄橙、黄绿、蓝绿、蓝紫和红紫六色为三次色，是由原色和二次色混合而成。

互补色：红对应绿，蓝对应橙，黄对应紫，色环上相对 180° 的颜色互为补色（图 8-1）。

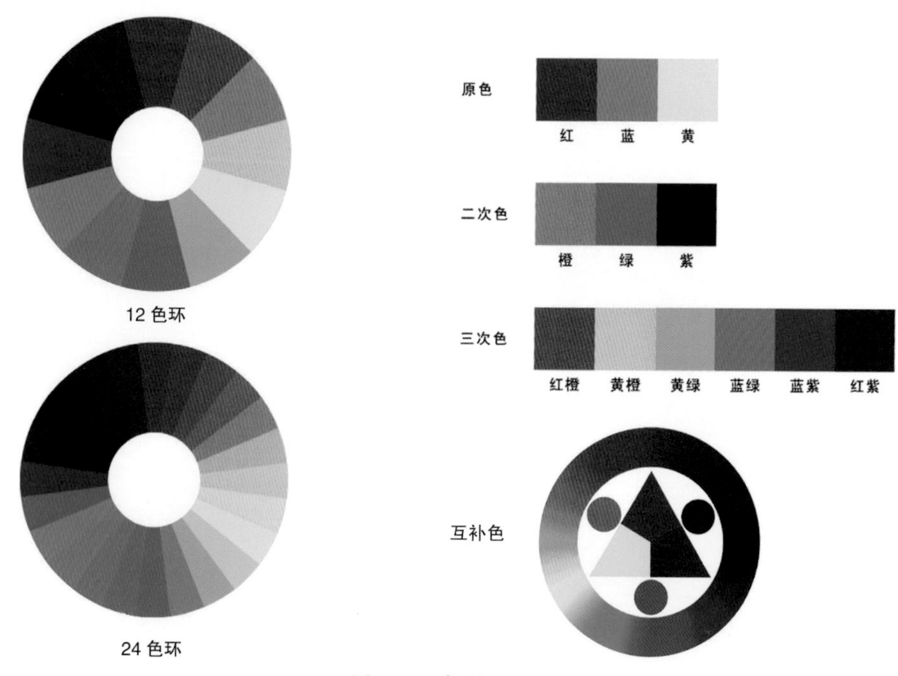

图 8-1　色环

8.1.2 色彩的明度、纯度的理解（图 8-2）

097									106
0/0/0/10	0/0/0/20	0/0/0/30	0/0/0/35	0/0/0/45	0/0/0/55	0/0/0/65	0/0/0/75	0/0/0/80	0/0/0/100

明度由高到低的变化　　明度由低到高的变化

033							040
0/0/100/45	0/0/100/25	0/0/100/15	0/0/100/0	0/0/80/0	0/0/60/0	0/0/40/0	0/0/25/0
041							048
60/0/100/45	60/0/100/25	60/0/100/15	60/0/100/0	50/0/80/0	35/0/60/0	25/0/40/0	12/0/20/0
049							056
100/0/90/45	100/0/90/25	100/0/90/15	100/0/90/0	80/0/75/0	60/0/55/0	45/0/35/0	25/0/20/0

纯度由高到低的变化　　纯度由低到高的变化

图 8-2　色彩的明度和纯度

8.2 马克笔素描关系

因为有了光，所以物体才有了光影变化和立体感。三大面是素描关系的基本概括（图 8–3），五大调子是素描关系的详细区分（图 8–4）。素描关系所指的三大关系：明暗关系，空间关系，结构关系。

三大面是：亮面、灰面、暗面

素描五大调子（高光、中间调子、明暗交界线、反光、投影）

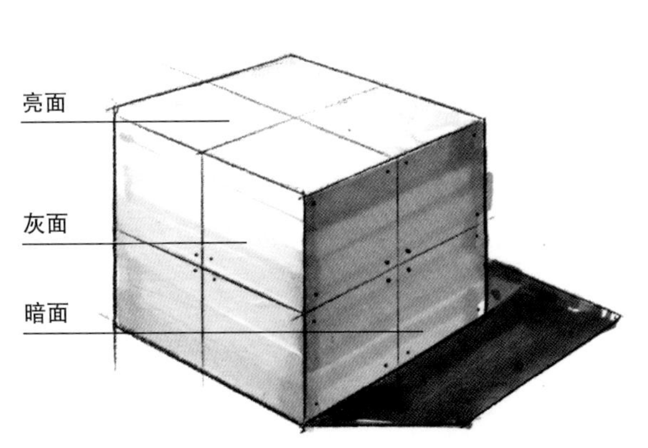

图 8–3 素描三大面关系

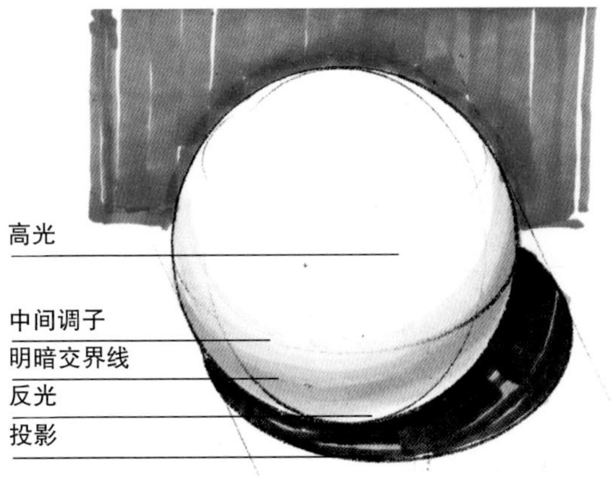

图 8–4 素描五大调子关系

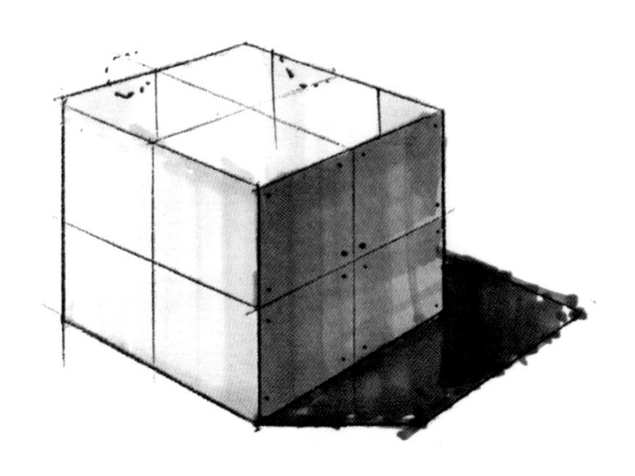

图 8–5 圆柱马克笔素描关系

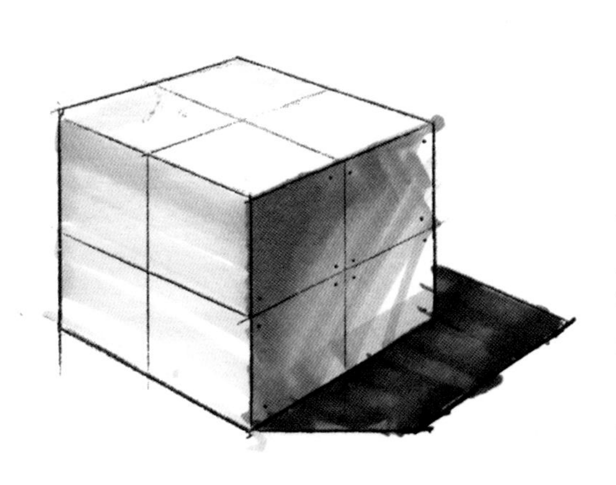

图 8–6 方块马克笔素描关系

按照艺术理论的重要性来排列，你会发现色彩理论排在第二位，仅次于最重要的：明度（这里指的是用素描关系绘制体积）。在室内设计手绘表达中，所有的素材都可以理解为圆球、方块、圆柱体（图 8–5），在表现中充分练习马克笔笔触的同时要掌握好体积感的划分。方块马克素描关系的理解中，包括暗面和投影的画法（图 8–6）。

8.3 马克笔的笔触

马克笔作为手绘表现图中常用的工具之一，它有快速表现、画面爽朗的效果，不需要太多的时间去调色和清洗。接触一种新工具时，必须要对其有个认知，如型号不同，代表的颜色深浅变化不同，不一样的品牌，各代表型号也都不一样。

8.3.1 马克笔笔触大小的控制

使用马克笔前，要认识马克笔的笔头，同一个笔头通过握笔与压笔的不同，可以画出大小不一的笔触变化（图 8–7）。

把笔完全贴到纸张上，画出来的笔触是饱满的，线条较粗。

把笔一半贴纸张上，画出来的线条较细。

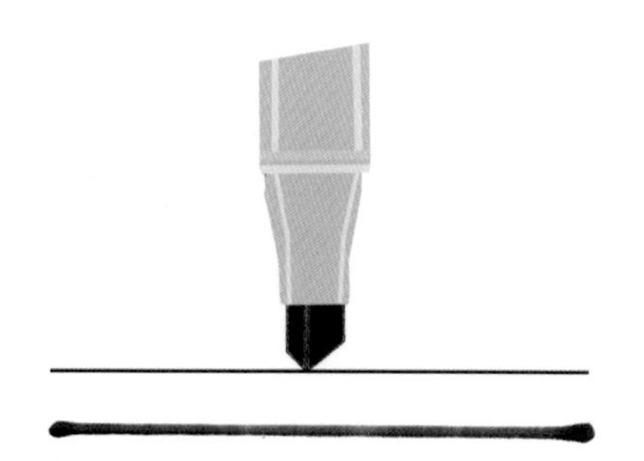

把笔头垂直贴到纸张，画出来的马克笔线条更细了。

用笔头的边角贴到纸张上，画出来的线条是最细的。

图 8–7 马克笔笔触大小的控制

8.3.2 马克笔笔触常见的错误

第一次接触马克笔时，初学者经常都会犯一些常见的笔触错误（图 8–8），这些问题都是因为握笔不规范而引起的，所以要注意握笔的方法，同时还要多练习钢笔画的画直线能力，这些都是基本功。

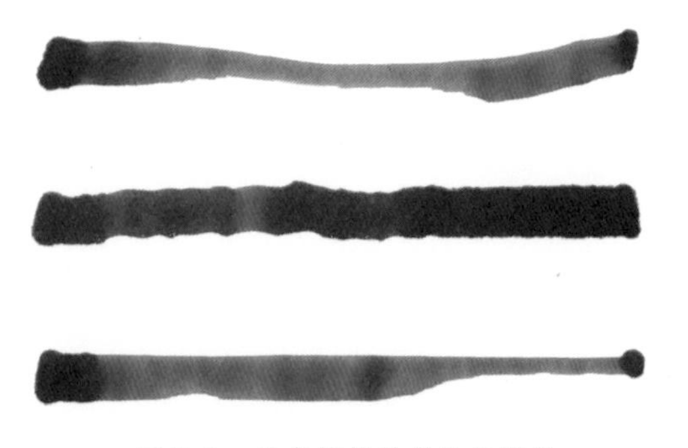

图 8–8 马克笔笔触常见的错误

8.3.3 马克笔笔触排笔方法

马克笔常见的几种运笔方法有排笔、润笔、飞笔和自由笔触（图 8-10 ~ 图 8-12），注意它们的笔触大小变化和疏密变化——“Z”或“N”（图 8-9）。

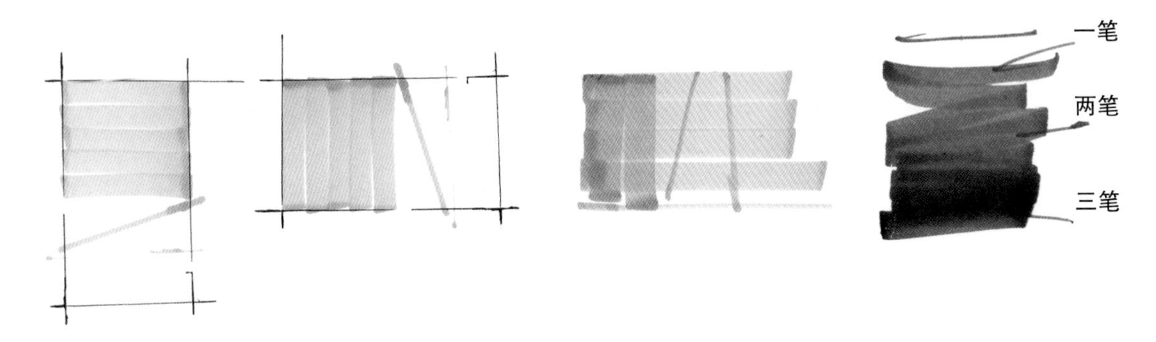

图 8-9 “Z”或“N”排笔方法

图 8-10 润笔笔触的运用

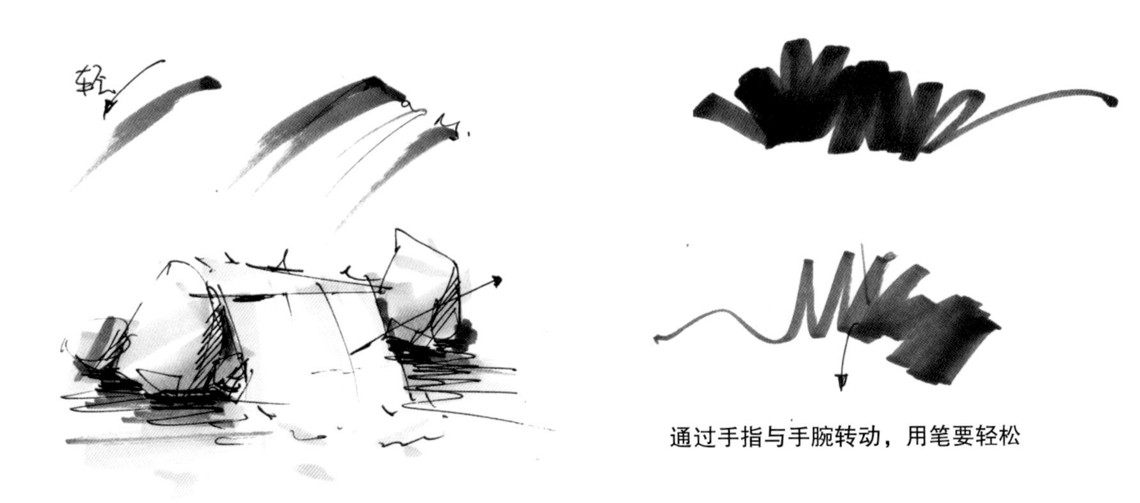

图 8-11 飞笔笔触的运用

图 8-12 自由笔触的运用

8.4　马克笔笔触的渐变训练

马克笔因其独特的构造和材质特性让初学者难以驾驭，如果控制不好就会造成建筑或景观构筑物的结构变形，缺少变化。在此给初学者提供几点建议（图 8-13）。

（1）笔头要贴着结构的边缘线。

（2）笔触要按照结构透视方向走。

（3）注意深浅渐变的效果练习。

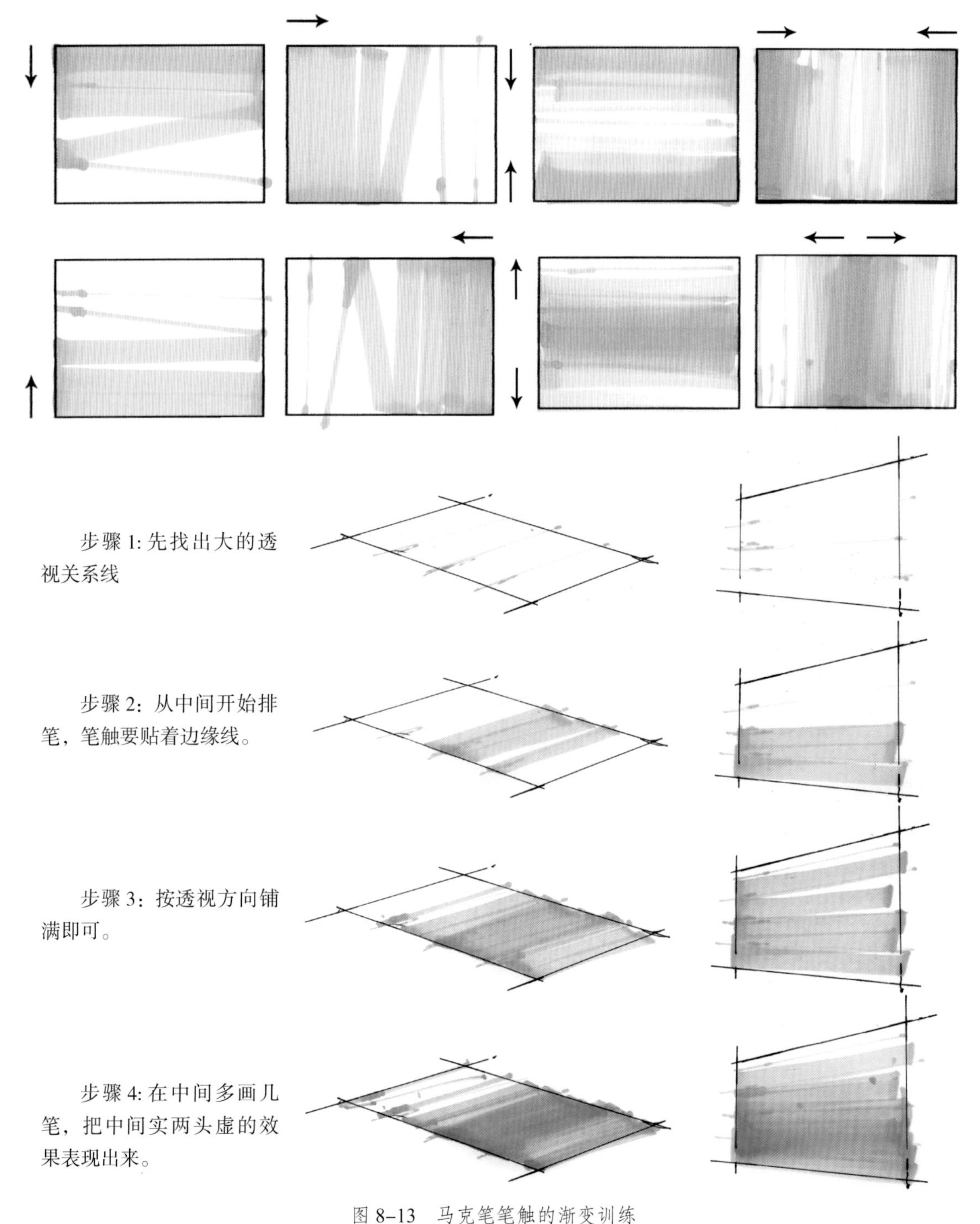

图 8-13　马克笔笔触的渐变训练

8.5 马克笔材质

8.5.1 石材材质

在室内设计中的石材材质种类很多，主要运用于地面和墙面，因此对其纹理的掌握和表现是体现不同石材种类的关键。石材具有明显的高光，且受灯光的影响会产生投影，因此在表现的时候，要先用签字笔或钢笔勾勒它的纹理，理清它的素描关系，这样在上马克笔的时候就会更加容易表现它的质感（图 8-14）。

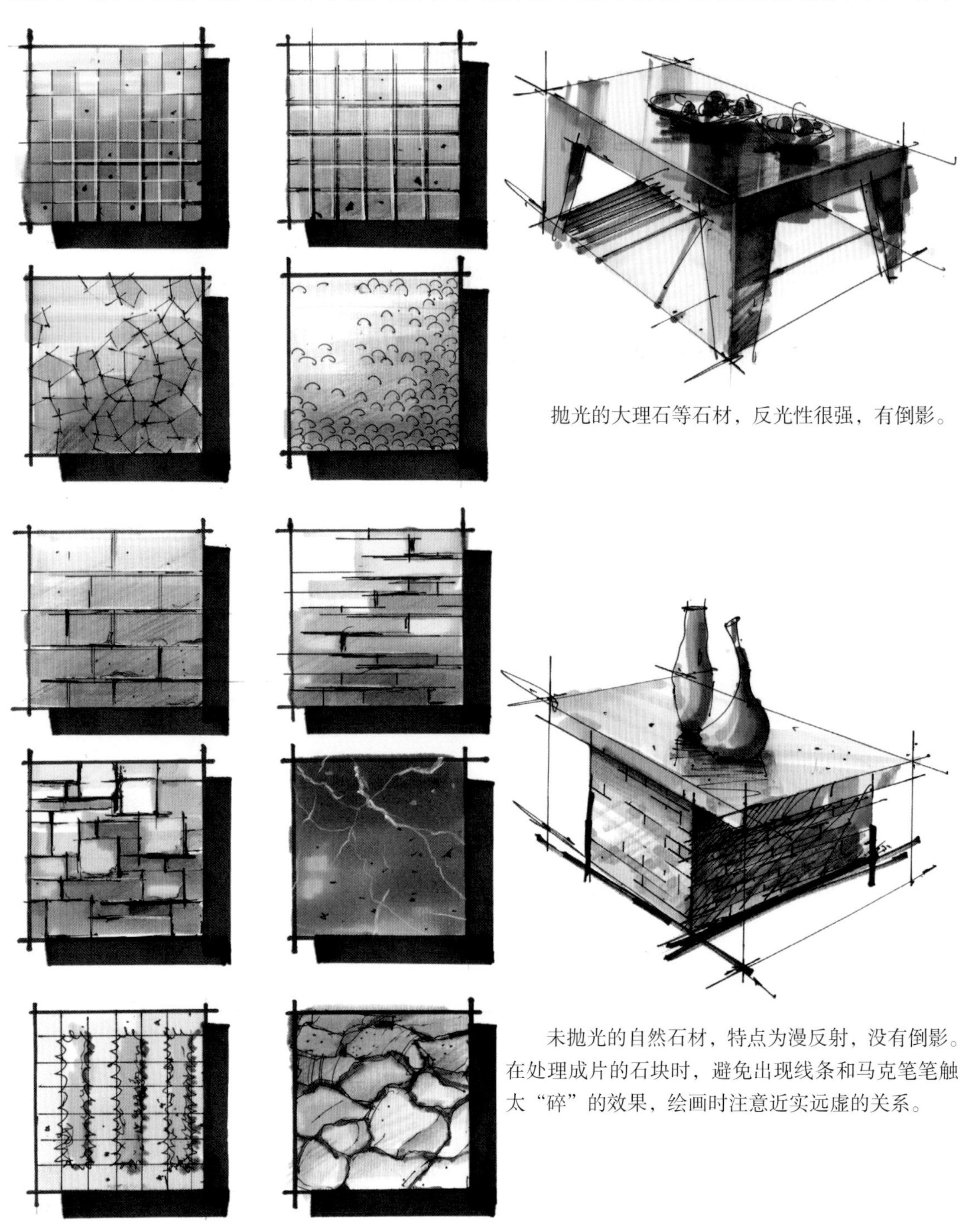

抛光的大理石等石材，反光性很强，有倒影。

未抛光的自然石材，特点为漫反射，没有倒影。在处理成片的石块时，避免出现线条和马克笔笔触太“碎”的效果，绘画时注意近实远虚的关系。

图 8-14　石材的表现（陈立飞　作）

8.5.2 木材材质

木材装饰包括原木和仿木装饰，比较有亲和力，加工简易方便。由于肌理不同，木材质种类也有很多。如同类的黑胡桃木材色泽和肌理也不尽相同，有的是黑褐色，木纹呈波浪卷曲；有的如虎纹，色泽鲜艳。具体作画时，应注意木材色泽和纹理特征，提高真实感。重点就是把握好光感和马克笔的深浅虚实(图8-15)。

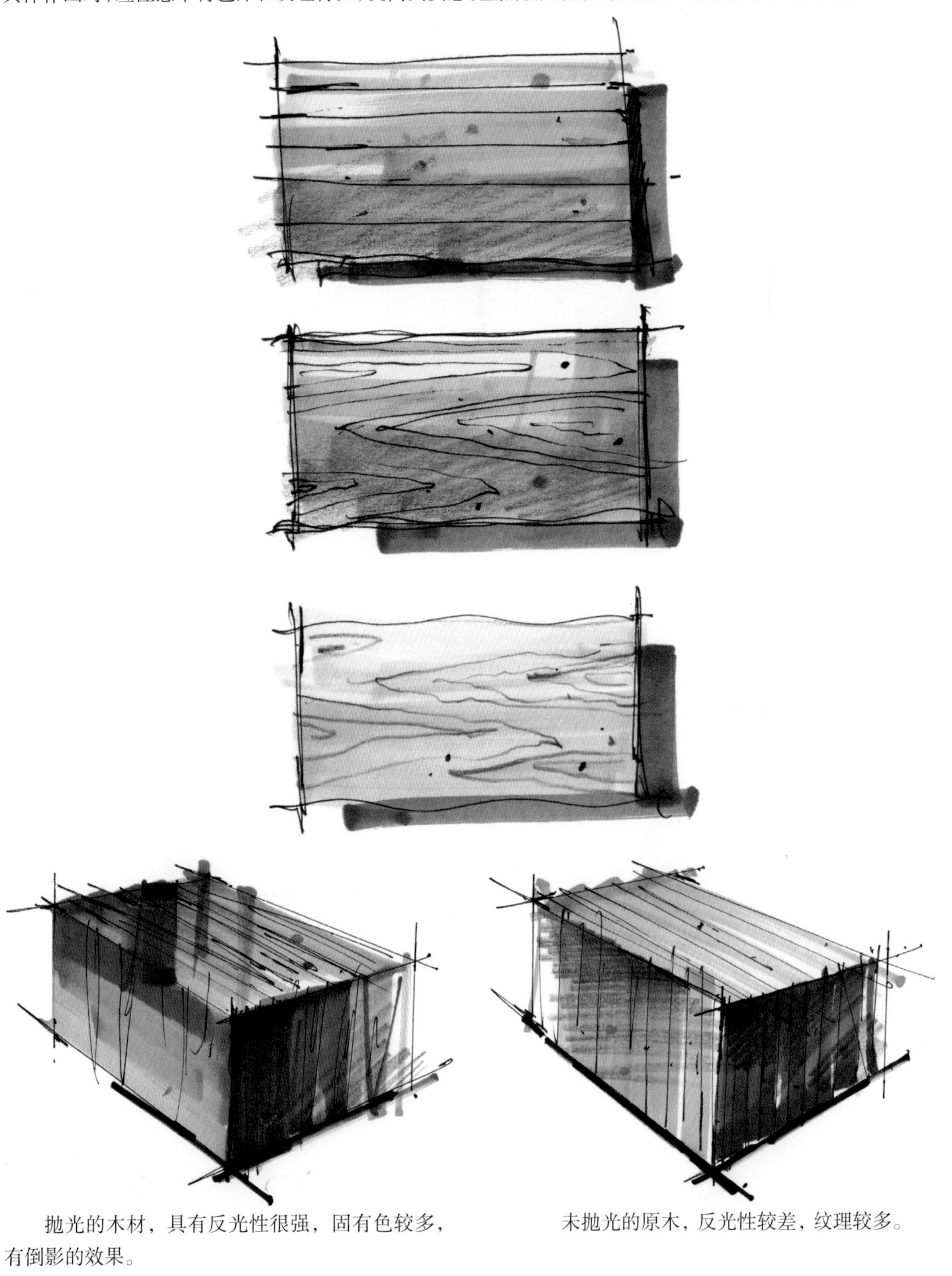

抛光的木材，具有反光性很强，固有色较多，有倒影的效果。

未抛光的原木，反光性较差，纹理较多。

图8-15 木材的表现(陈立飞 作)

8.5.3 玻璃材质

玻璃一般分为反光玻璃与透明玻璃。玻璃反射的是天空与周围树木和建筑物的景致，再加上玻璃固有的色调，无论透明或不透明，一定要把每个面的颜色深浅区分开（图 8-16、图 8-17）。而天空颜色，万紫千红，形态各异，我们只需描绘它的色彩就可以了。整体来说是色彩由深到浅地变化（图 8-18、图 8-19）。

图 8-16 玻璃的表现（一）

在表现玻璃的时候，前提先把屋檐的投影表现出来，然后贴图——要做出颜色的渐变，顶上从浅蓝开始，接近地平线时降到紫灰色，反射出的周围建筑褪为更暗的深褐色或者其他暗调。

图 8-17 玻璃的表现（二）

透明的玻璃呈现不同的特征，室内黑暗时，玻璃就像镜面一样反射光线；室内明亮时，玻璃变得透明。把反射面和透明面相结合，使画面更有活力。

图 8-18 玻璃中天空的表现（一）

图 8-19 玻璃中天空的表现（二）

8.6 马克笔单体

8.6.1 单体单色表现步骤（图 8-20、图 8-21）

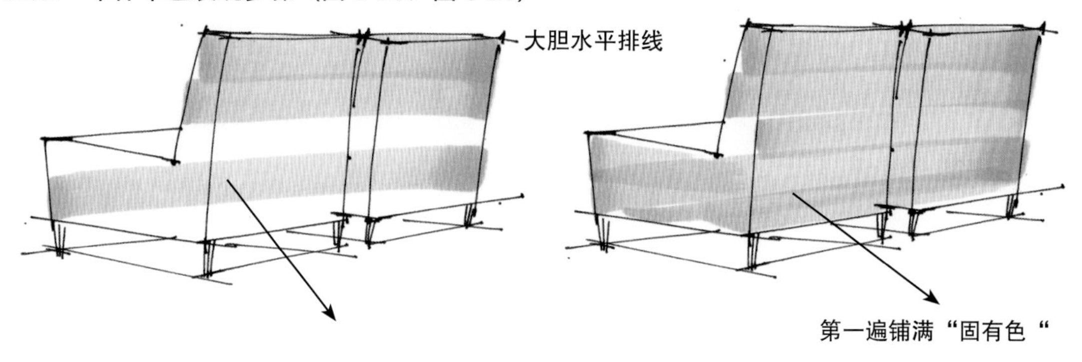

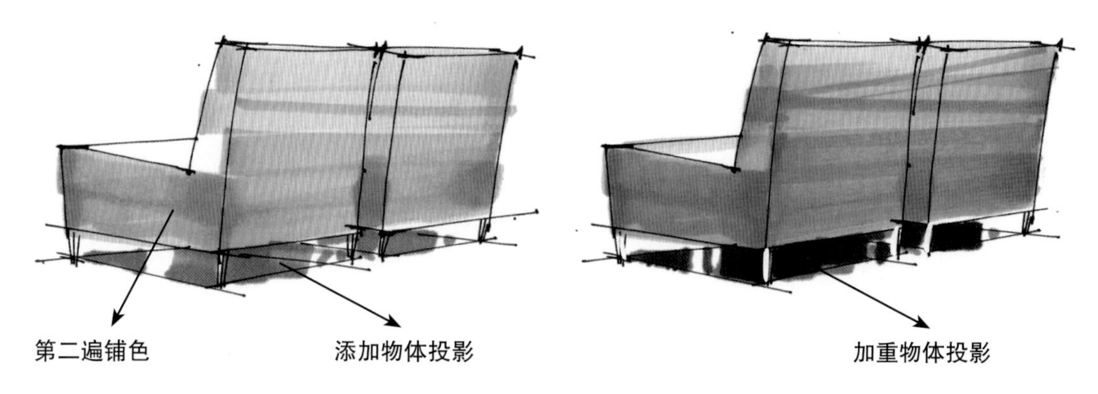

图 8–20　沙发的单色表现

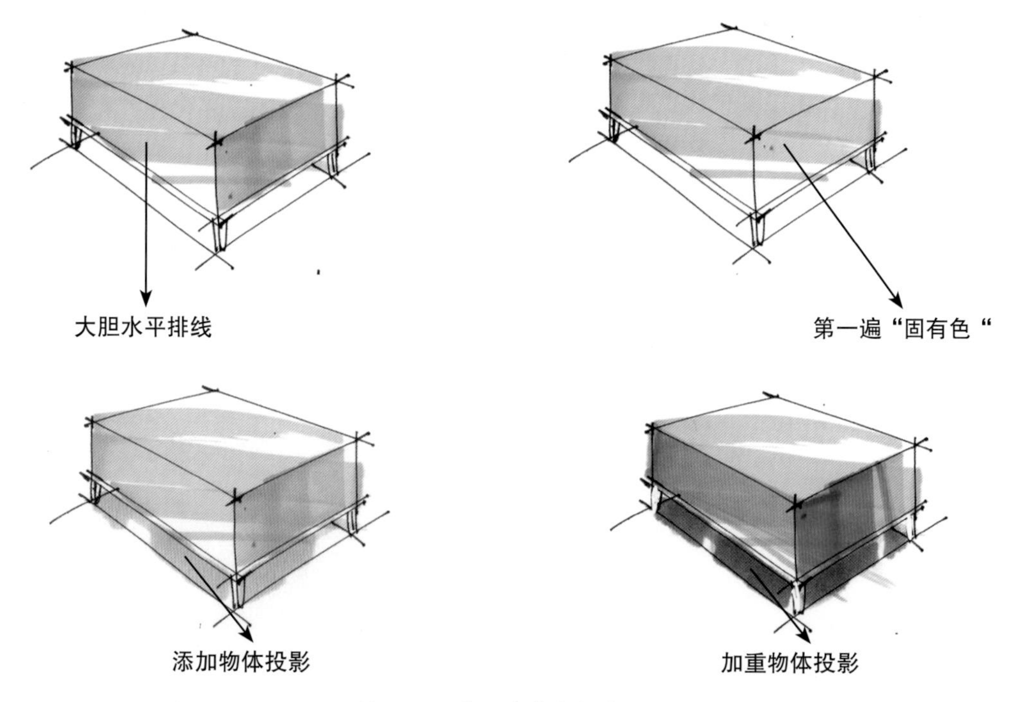

图 8–21　茶几的单色表现

8.6.2 单体多色表现步骤（图 8-22）

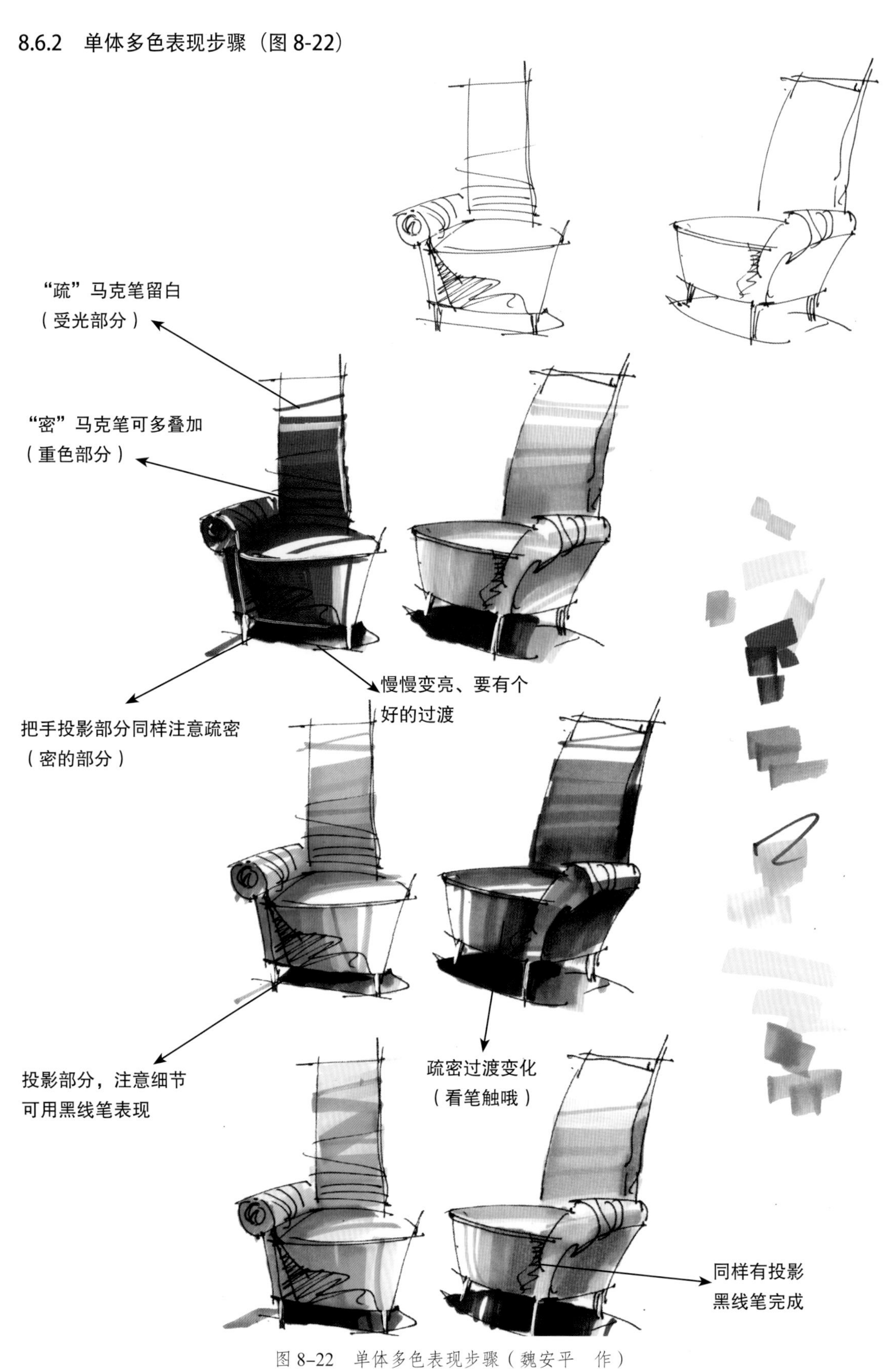

图 8-22 单体多色表现步骤（魏安平 作）

8.6.3 单体的马克笔上色步骤（图 8-23、图 8-24）

步骤 1：线稿表现要注意形体和透视关系。

步骤 2：确定好光源，用钢笔刻画出沙发暗部、亮部、灰部；用单色做出面的渐变效果，注意留白的处理，以及暗部、灰部过渡线的处理；用深灰色把沙发的投影刻画出来，这样可表现出沙发的体量感。

步骤 3：马克笔的叠加和暗部的加重。

步骤 4：加入彩色铅笔让沙发的颜色更加协调。

图 8–23 单体沙发的马克笔上色步骤（一）（陈立飞　作）

步骤 1：线稿表现要注意形体和透视关系。

步骤 2：虚拟光线来源，刻画沙发的投影，用单色刻画沙发的暗部与投影。

步骤 3：继续刻画枕头的固有颜色；同时做出沙发各个面的颜色渐变。

步骤 4：叠加马克笔和彩色铅笔，加重阴影的对比，注意笔触感的变化。

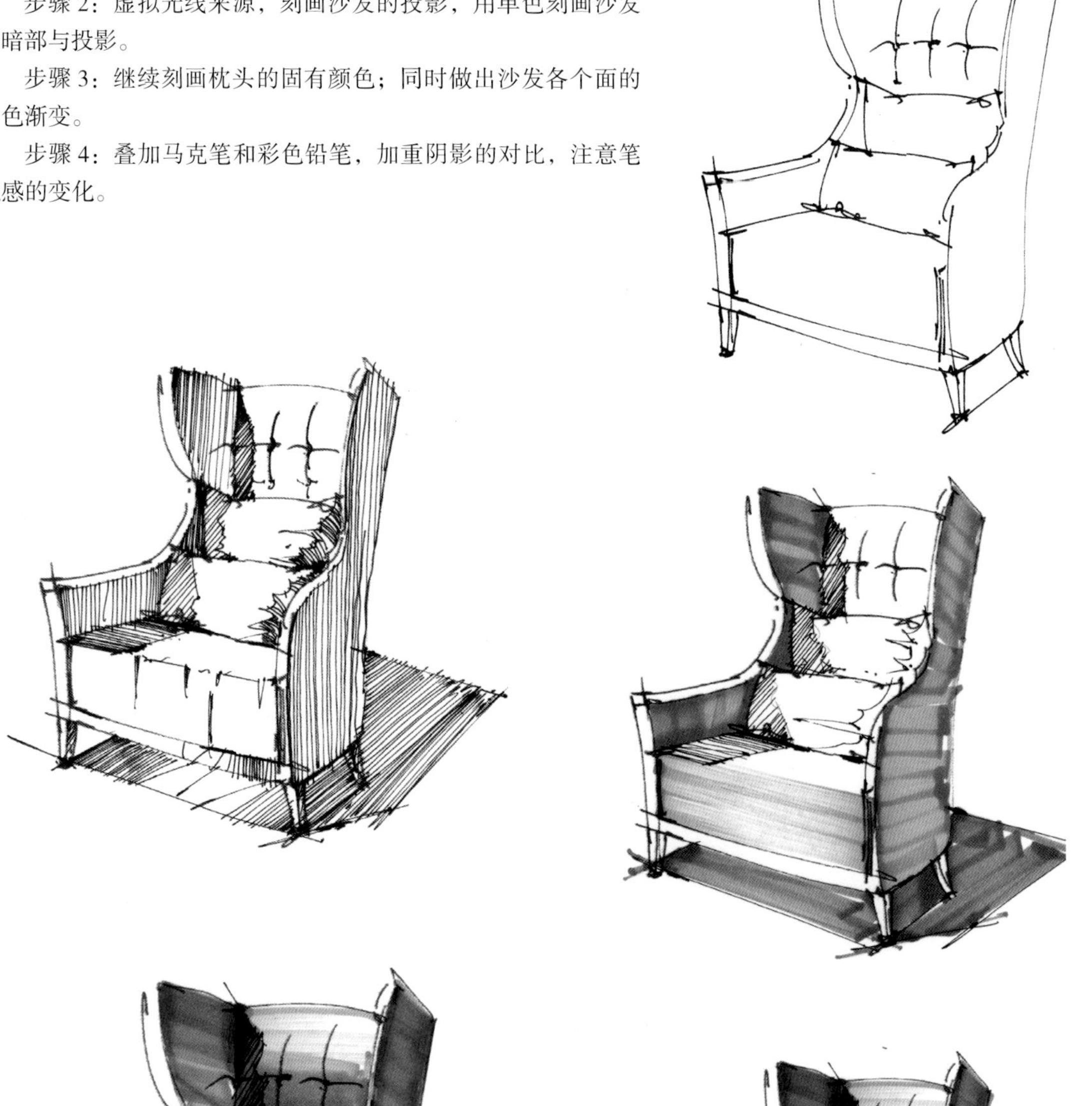

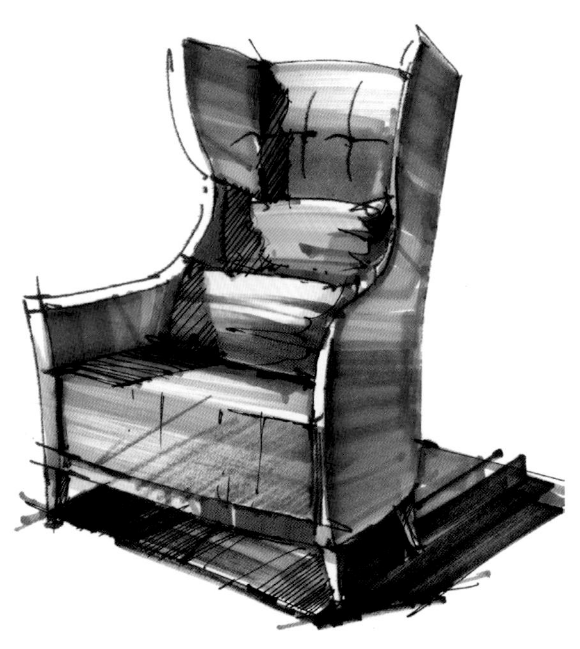

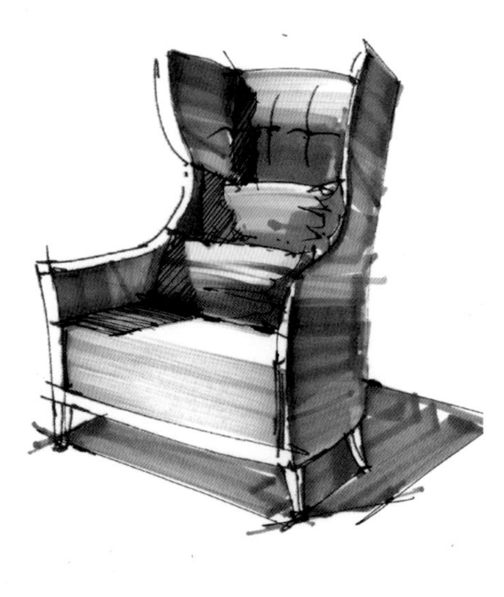

图 8–24 单体沙发的马克笔上色步骤（二）（陈立飞　作）

8.6.4 单体马克笔色稿（图 8-25 ～图 8-32）

图 8–25　单体马克笔色稿（一）（陈锐雄　作）

图 8-26　单体马克笔色稿（二）（魏安平　作）

图 8–27　单体马克笔色稿（三）（魏安平　作）

图 8-28　单体马克笔色稿（四）（魏安平　作）

图 8-29　单体马克笔色稿（五）（魏安平　作）

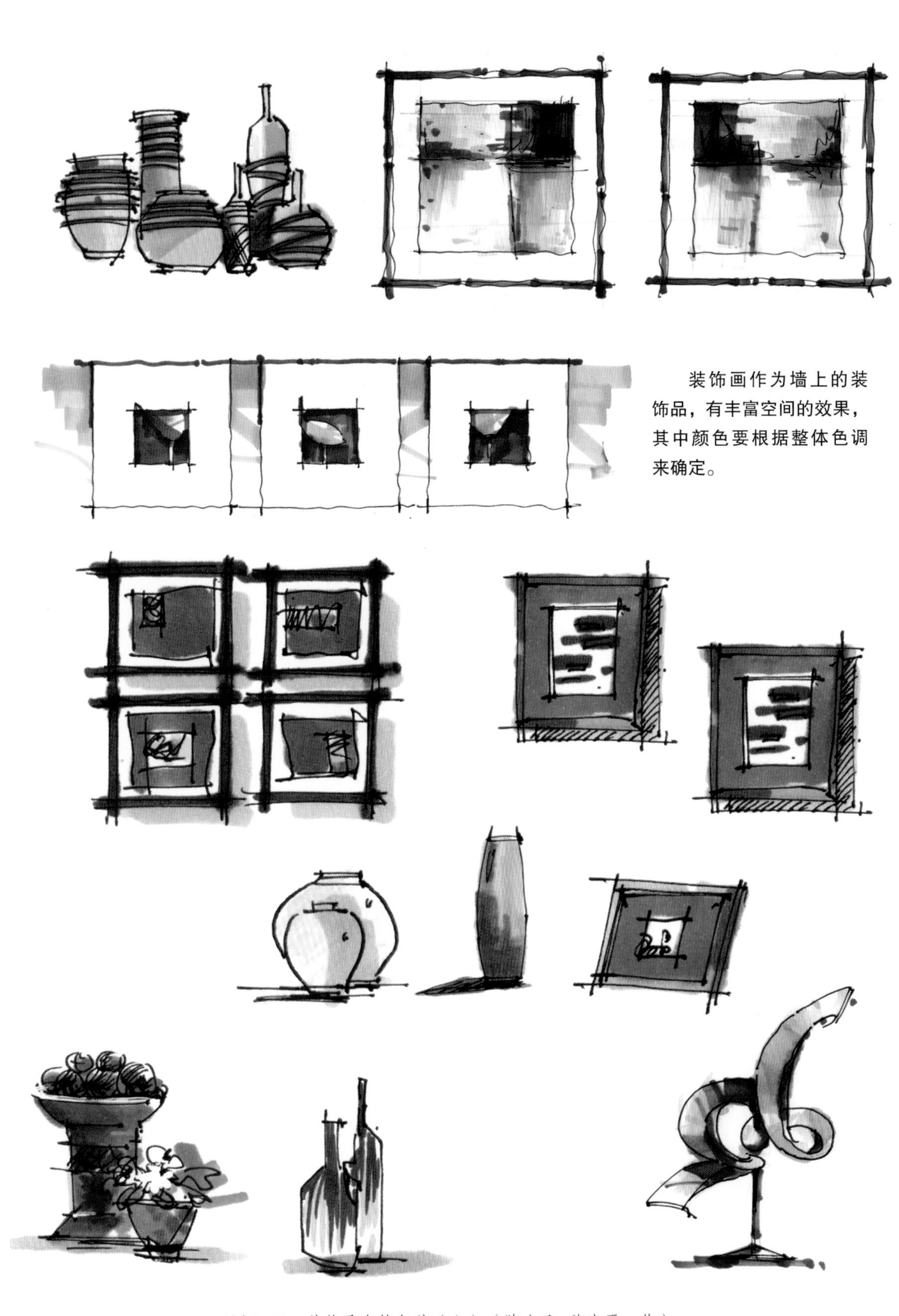

装饰画作为墙上的装饰品，有丰富空间的效果，其中颜色要根据整体色调来确定。

图 8-30　单体马克笔色稿（六）（陈立飞 魏安平　作）

灯具是室内的照明设备，直接影响到画面的色彩效果。

图 8-31　单体马克笔色稿（七）（魏安平　作）

软装装饰在室内空间中起到了画龙点睛的作用，在马克笔上色的时候，要注意物体的相互投影关系，同时可以结合彩色铅笔一起运用，让画面更加丰富，达到细腻的表现效果。

图 8-32 单体马克笔色稿（八）（魏安平 作）

8.6.5 沙发组合的马克笔上色步骤（图 8-33 ～图 8-35）

步骤 1：线稿表现要注意形体和透视关系。

步骤 2：确定沙发主色（颜色可以按照个人的喜好来画）。

步骤 3：用同类色的深色马克笔，把基本的明暗关系与对比表现出来。

步骤 4：深入刻画细节，加强明暗关系，用彩色铅笔过渡，使其更加柔和。

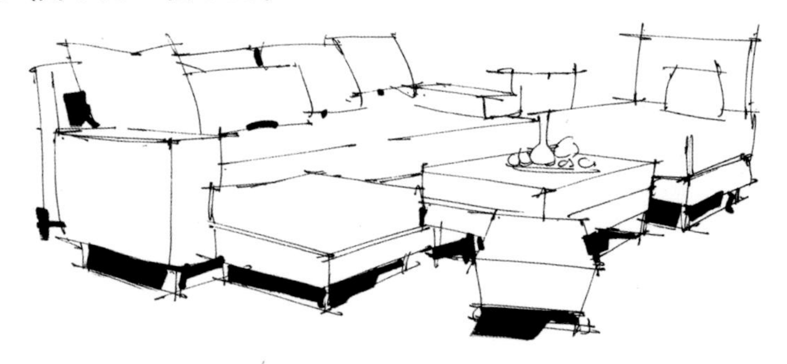

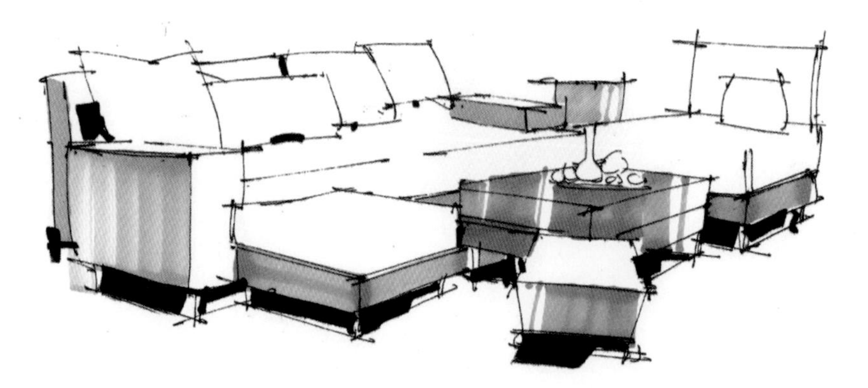

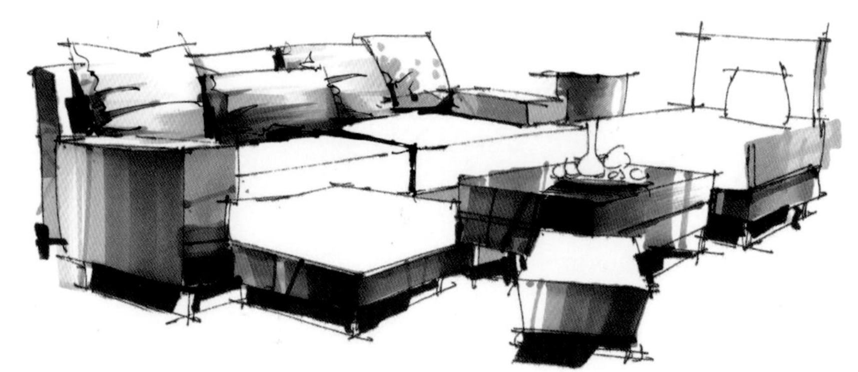

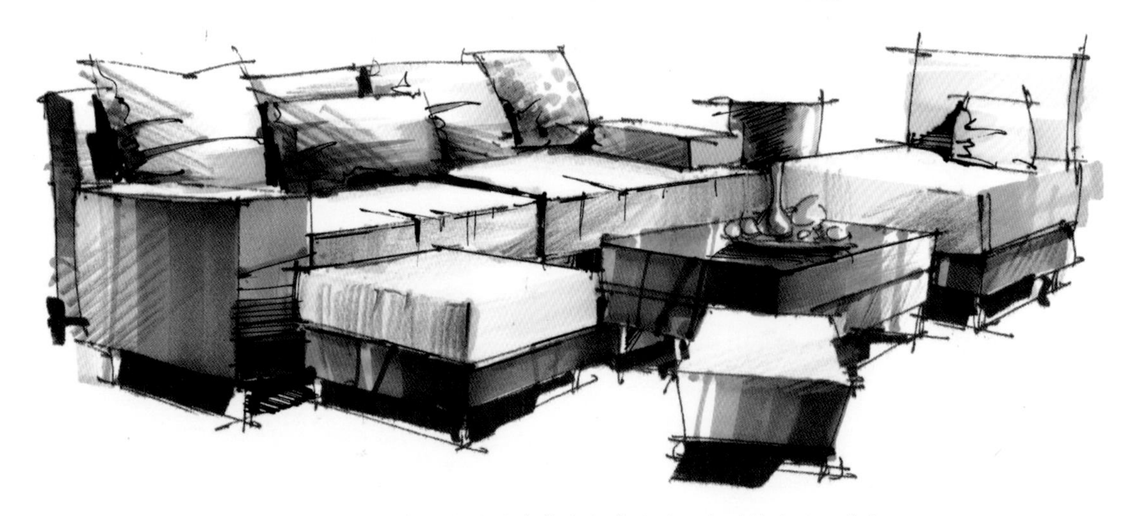

图 8–33　沙发组合的马克笔上色步骤（一）（陈立飞　作）

步骤 1：线稿阶段，必须找准物体的比例，注意视平线和消失点的位置，用马克笔加深投影使物体更有立体感。

步骤 2：用物体的固有色刻画墙体和地毯，注意留出亮面的位置。

步骤 3：沙发上固有色时注意明暗关系。

步骤 4：细部的完善。把物体的纹路与挂画等配饰细化，加入黄色彩色铅笔增强画面的光感，加强整体关系的营造力以及黑、白、灰之间的画面效果。

图 8-34　沙发组合的马克笔上色步骤（二）（陈立飞　作）

步骤 1：起稿阶段。在把视平线定位在沙发的扶手处，这样更容易去表现沙发的空间感，用简单的线条表现物体的基本轮廓，由于视平线比较低，所以特别要注意把握好沙发与茶几之间的透视线，遵循大的透视关系；同时，要用马克笔将物体的投影位置压黑，使画面有厚重感，便于之后的马克笔上色。

步骤 2：绘制阶段。用干水的马克笔刻画枕头的纹路（用飞笔画出两头重、中间轻的效果），定出主体色系，从暗部开始入手。

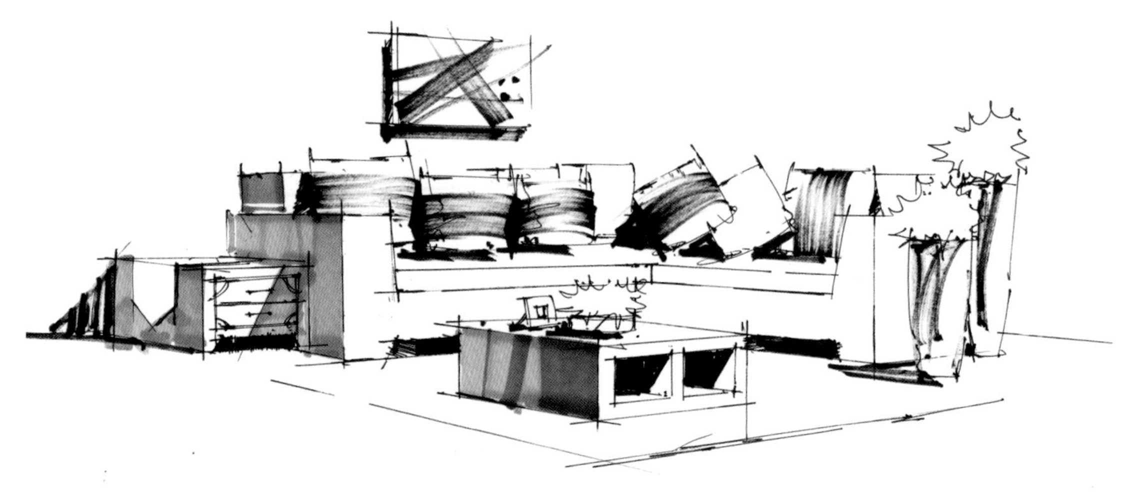

步骤 3：深入阶段。用同色系的色彩进行叠加，让物体质感自然、真实。

步骤 4：细化阶段。加入彩色铅笔过渡，注意排线均匀，角度一致。

图 8-35　沙发组合的马克笔上色步骤（三）（陈立飞　作）

8.6.6 沙发组合的马克笔表现赏析（图 8-36 ～图 8-43）

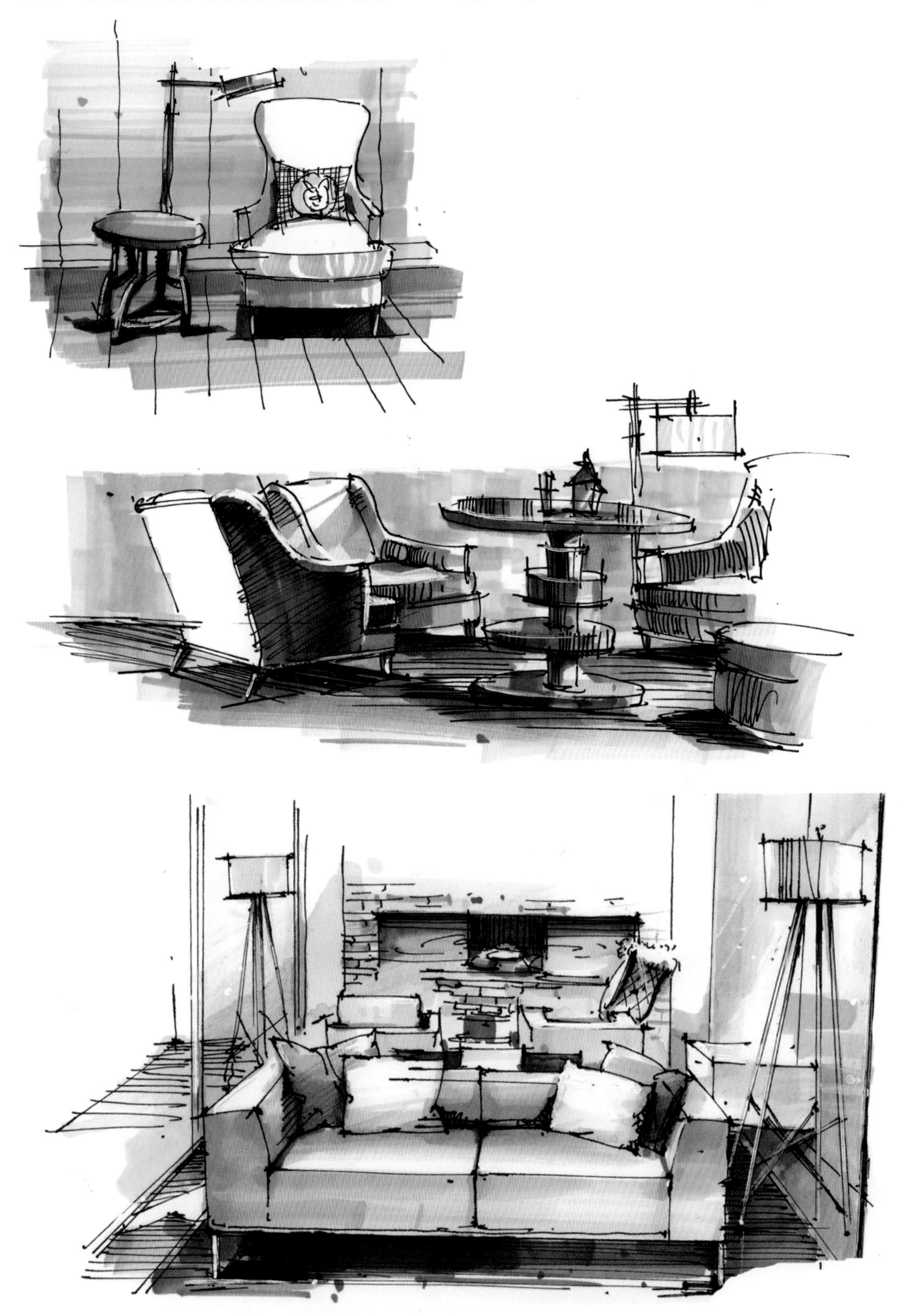

图 8–36 沙发组合的马克笔表现赏析（一）（魏安平 作）

图 8-37 沙发组合的马克笔表现赏析（二）（陈锐雄 作）

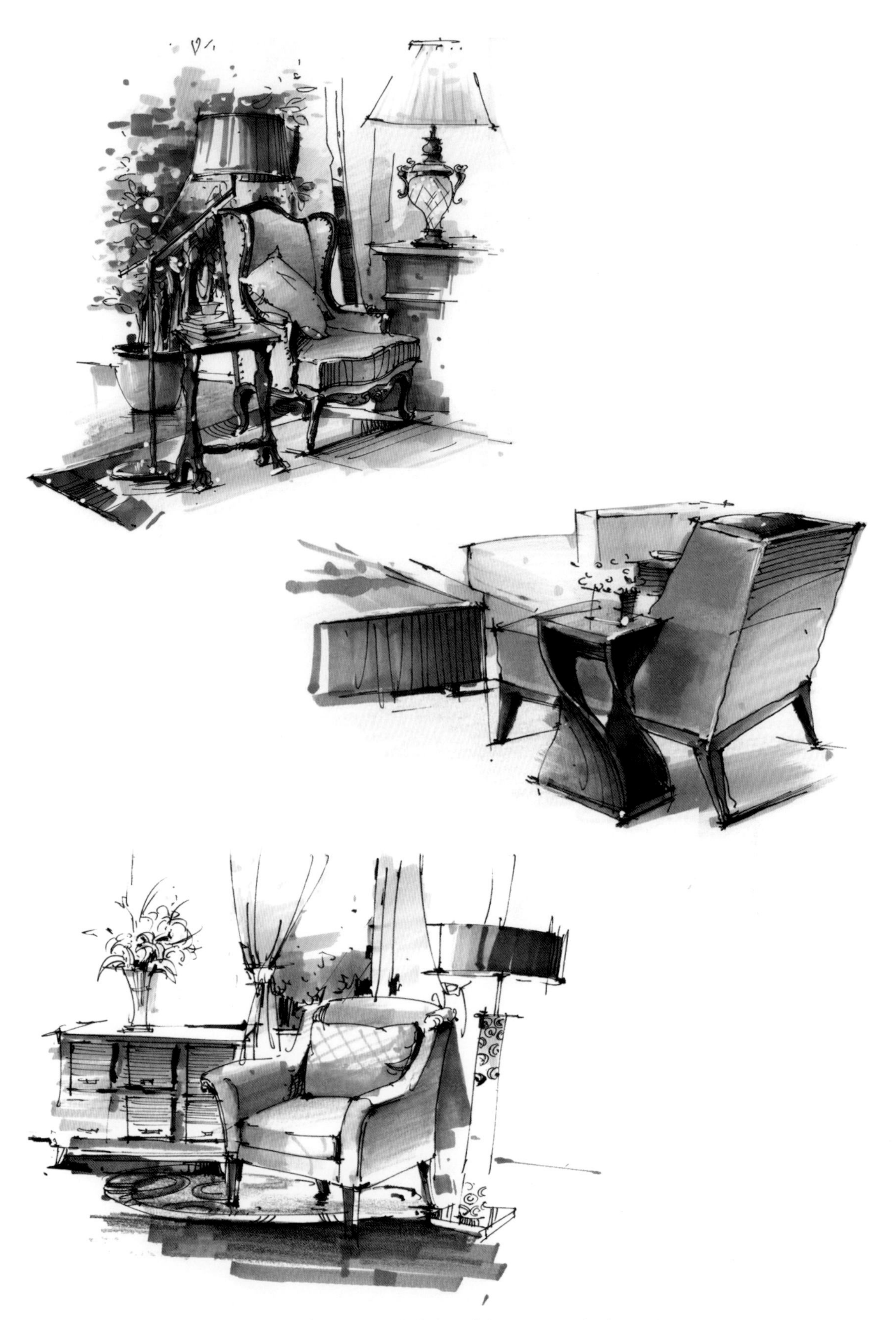

图 8–38　沙发组合的马克笔表现赏析（三）（陈锐雄　作）

图 8-39　沙发组合的马克笔表现赏析（四）（陈锐雄　作）

图 8-40　沙发组合的马克笔表现赏析（五）（陈锐雄　作）

图 8-41　沙发组合的马克笔表现赏析（六）（陈锐雄　作）

图 8–42　沙发组合的马克笔表现赏析（七）（陈锐雄　作）

图 8-43　沙发组合的马克笔表现赏析（八）（魏安平　作）

8.6.7 床的马克笔上色步骤（图 8-44、图 8-45）

步骤 1：按照物体的固有色刻画暗部。

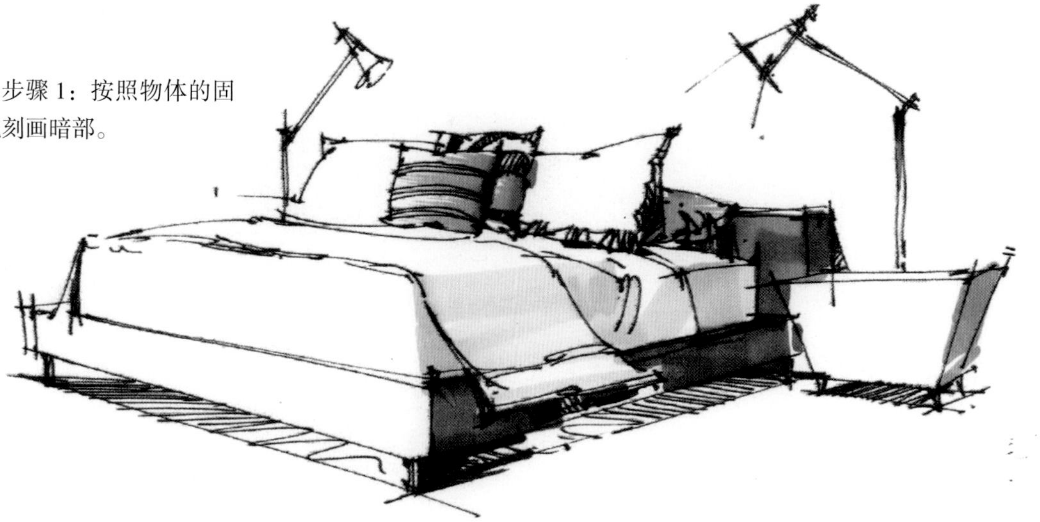

步骤 2：画物体的灰面时，用色不能太深，注意物体转折面的颜色区分。

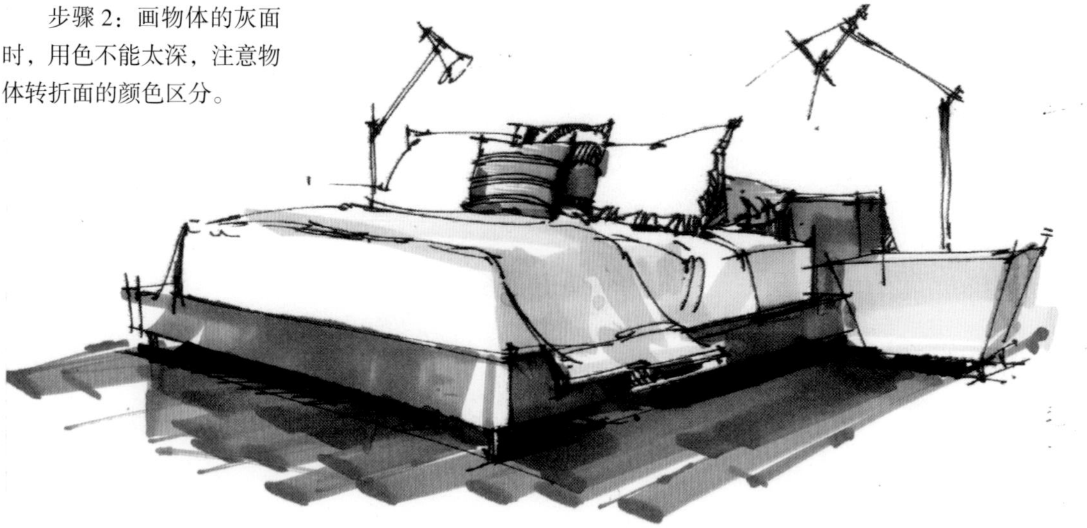

步骤 3：用深色加重暗面的对比和物体相互间的投影，最后用彩色铅笔刻画它们的质感。

图 8–44 床的马克笔上色步骤（一）（陈立飞 作）

步骤 1：按照物体的固有色刻画暗部。

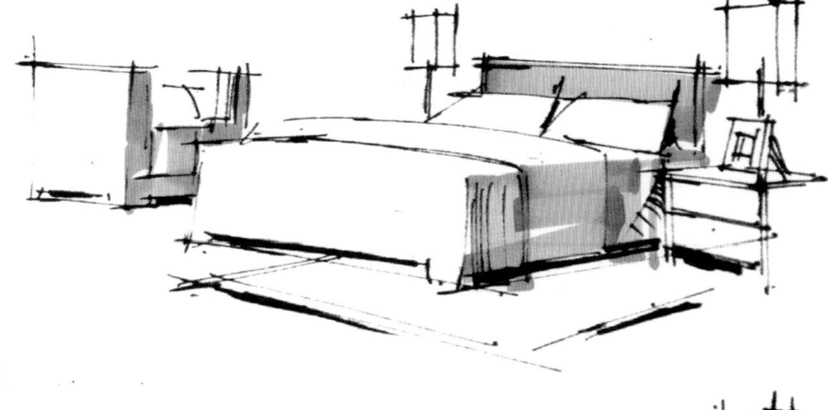

步骤 2：用同色系的颜色画物体的灰面，使其质感自然，局部可以留白。

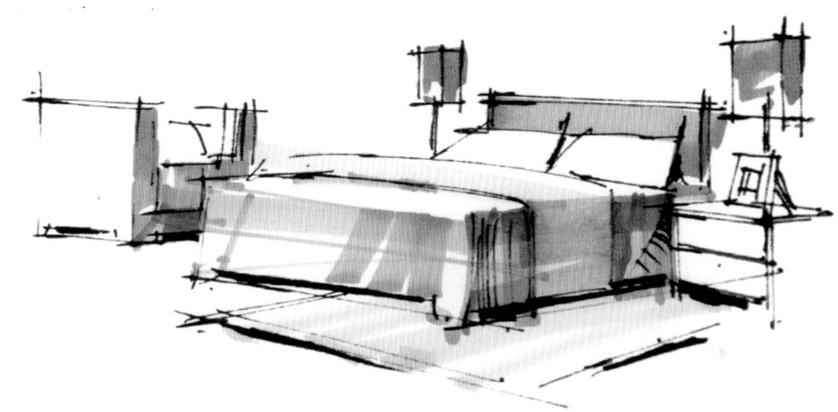

步骤 3：用同色系的色彩加强物体的前后对比。

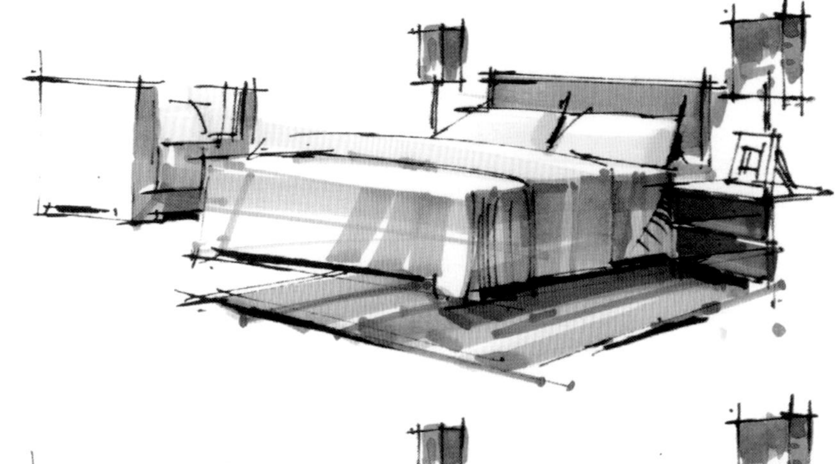

步骤 4：细节处添加彩色铅笔过渡，让颜色更加柔和，彩色铅笔用色尽量与主体颜色一致，不能太跳。

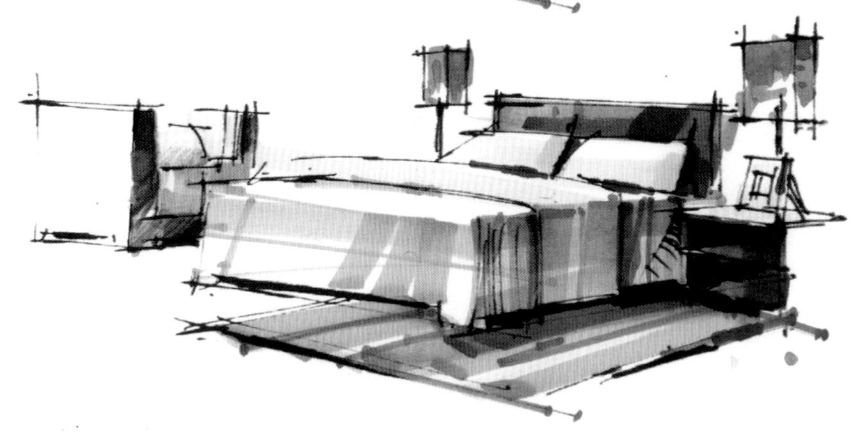

图 8–45　床的马克笔上色步骤（二）（陈立飞　作）

8.6.8 床的马克笔表现赏析（图 8-46）

图 8–46　床的马克笔表现赏析（陈锐雄　作）

8.7 室内空间的马克笔表现方法与步骤

8.7.1 卧室的马克笔表现步骤

原照片

步骤 1：黑白线稿要注意大的透视关系，比例尺度要准确，线条要有变化（图 8–47）。

马克笔上色用的线稿没必要画得过于精细，表达清楚物体的形体与光影即可。

图 8–47　黑白线稿

步骤 2：铺物体的固有色时，不一定要和原照片一样，可以适当主观地处理色彩，同时要注意地面的深浅变化（图 8–48）。

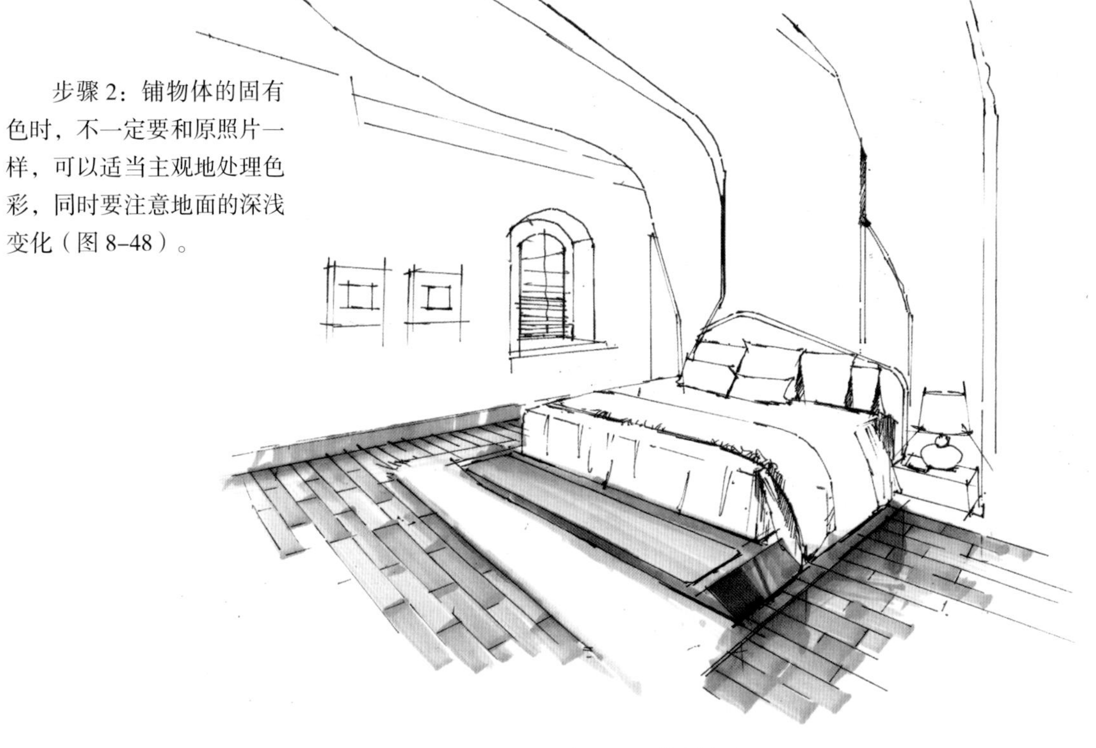

图 8–48　铺固有色

步骤 3: 继续深入刻画物体的材质（枕头、被单、墙体等），在刻画材质时尽量选择同色系的马克笔（图 8-49）。

图 8-49　深入刻画材质

步骤 4：深入刻画画面的重颜色和床头的背景材质；床头背景的曲面的表现比较有难度，笔触方向和透视方向要一致，还要注意材质的反光程度和渐变方向（图 8-50）。

图 8-50　深入刻画细部

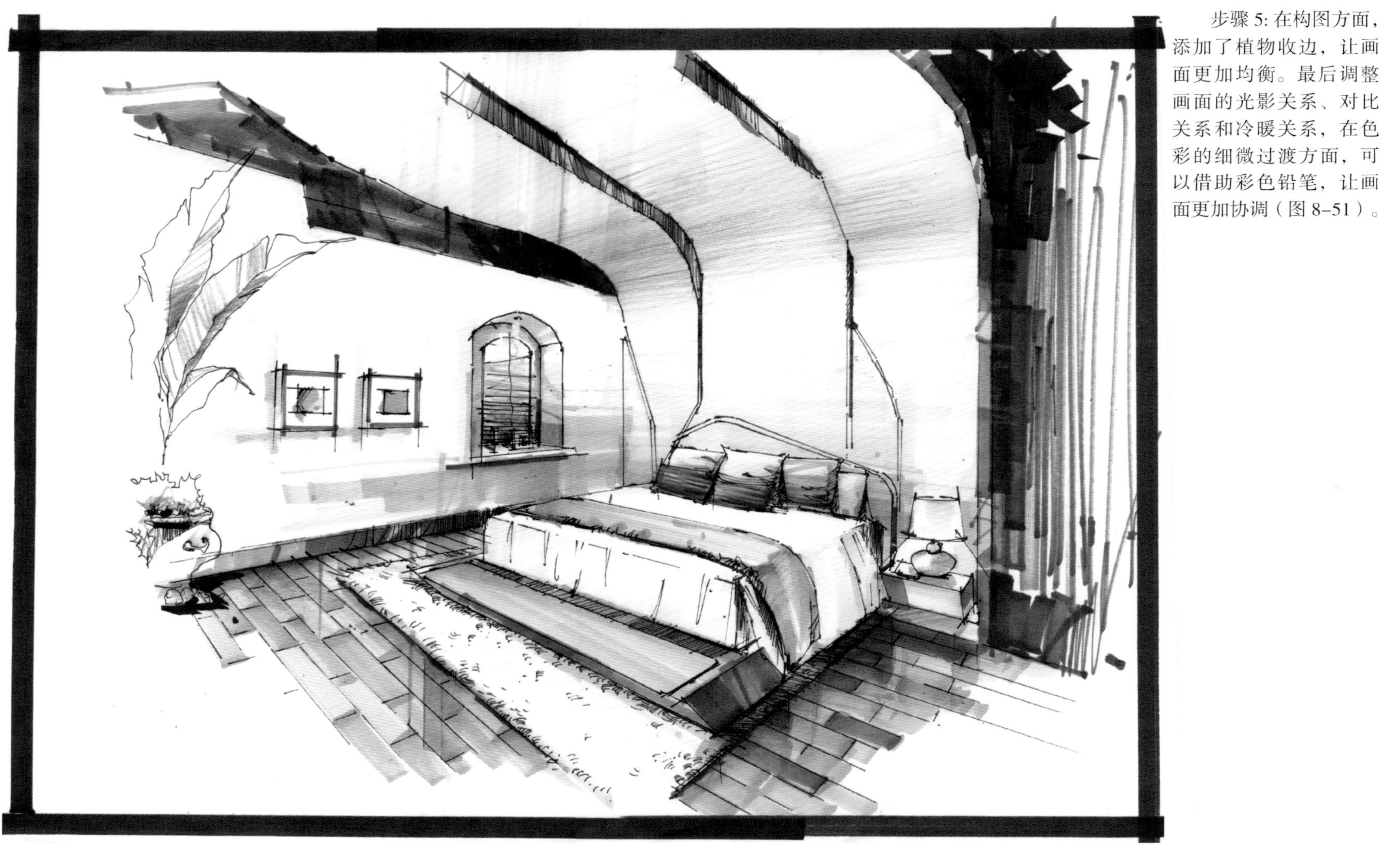

步骤 5: 在构图方面，添加了植物收边，让画面更加均衡。最后调整画面的光影关系、对比关系和冷暖关系，在色彩的细微过渡方面，可以借助彩色铅笔，让画面更加协调（图 8–51）。

图 8–51　调整画面（陈立飞　作）

8.7.2 客厅的马克笔表现步骤

步骤 1: 线稿方面，要用简练的笔墨去处理，该图可理解为一点斜透视或两点透视图，需注意物体的投影关系（图 8–52）。

图 8–52　黑白线稿

步骤 2: 用单色刻画物体的墙面，采用了马克笔的渐变手法去处理，用色要大胆，敢用黑色（图 8–53）。

图 8–53　刻画墙面

步骤 3: 铺物体的固有色，注意其受光面与背光面的色彩明暗对比，左边的窗格不上颜色，是为了更好地拉开画面的空间感（图 8–54）。

图 8–54　铺固有色

步骤 4: 沙发的上色（沙发的颜色比较淡雅，所以通过周围的重颜色去衬托）（图 8–55）。

图 8–55　沙发上色

步骤 5: 物体的互补色运用在窗帘和地毯上，使画面更加协调，同时深入刻画画面的细节部分，如小装饰品、远景的植物和台灯的花纹（图 8–56）。

图 8–56　深入刻画细部（陈立飞　作）

| 局部的色彩处理（图 8–57、图 8–58）|

| 木栅格的处理 |

木栅格的处理重点是木条的受光面与背光面的明暗关系，远处的木条不用处理得很满，可以适当放松虚化一点。

| 沙发的处理 |

单体沙发的质感和光感是通过周围深色的材质衬托出来的。

| 地毯的处理 |

地毯是通过纹路和地毯上物体的投影关系来衬托它的丰富变化的。画地毯时可以借助彩色铅笔使处理手法变得更简单。

| 墙面的处理 |

由于墙体处于画面的远处，所以它的色调相对会比较灰暗。同时墙体受到了灯光的影响，所以上浅下深（用黑色压重画面，这样可以更好地衬托柜子与沙发）。

| 软包的处理 |

软包的色彩很丰富，冷色与暖色相结合处理得非常恰当，同时也采用了上浅下深的表现手法。

| 沙发的处理 |

由于该沙发位于后面，所以需通过明暗变化拉开物体的空间关系，添加了蓝紫色的彩色铅笔，使前后沙发的空间关系更加明显。

图 8–57　局部的色彩处理（一）

因为吊灯的颜色很浅，所以把木栅格的颜色加深，更好地衬托吊灯。

顶棚的灰镜恰当地反映了下面物体的形状与色彩，不能画得过于具象。

该处木栅格留白的处理更好地拉开了物体的前后关系

窗外的景色变得模糊，色调加深，这样更好地反映了室内物体的光感。

图 8-58　局部的色彩处理（二）

8.7.3 展示厅的马克笔表现步骤

步骤 1：用线条简单地概括展示架、墙体和顶棚。地板排线内密外疏，展示物件有明暗区分（图 8–59）。

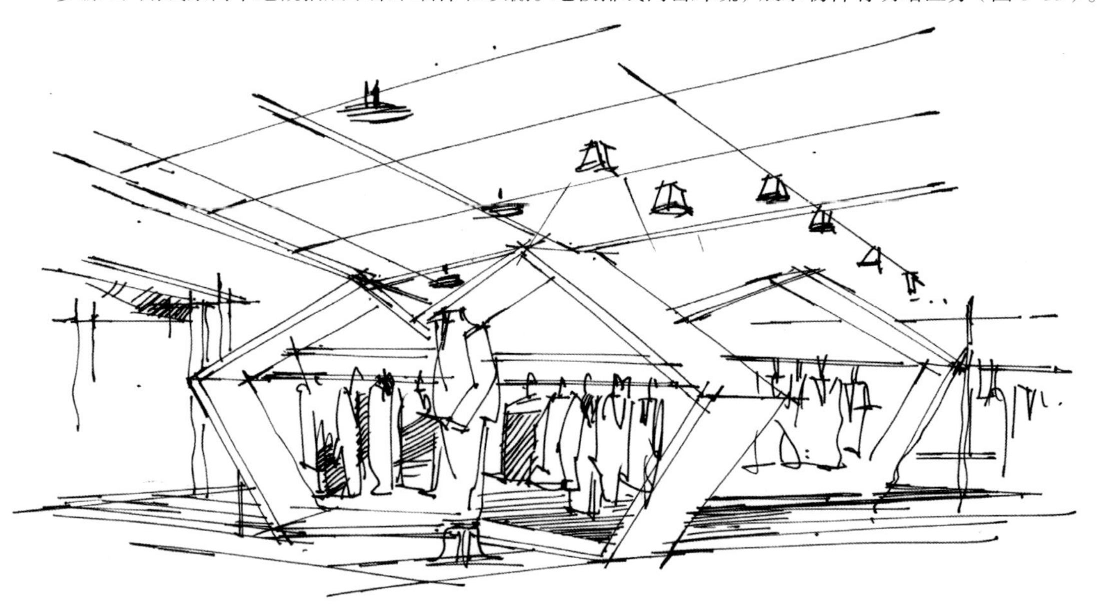

图 8–59 黑白线稿

步骤 2：展示架用淡黄色和橙黄色着色，背景和顶棚用暖灰色，顶棚环境色用粉紫色（图 8–60）。

图 8–60 铺固有色

步骤 3：进一步延续通过步骤 2 的基础色调的刻画。背景、地板、顶棚槽都采用暖灰色，地板上的反光色调反映了展示架的颜色。前景着亮色、中景的展示品为灰色调，背景尽量压重色衬托出中景和前景（图 8–61）。

添加粉紫色的彩色铅笔调和
暖黄色为暖灰和
淡黄色的中间色
重色突出前景
加冷灰色或中性
灰色拉开空间
橙黄色作为前景凸显出来

图 8–61　深入刻画

8.8 室内空间的马克笔表现赏析（图 8-62 ~ 图 8-68）

黑白线稿

图 8-62 室内空间的马克笔表现赏析（一）（魏安平 作）

黑白线稿

图 8-63　室内空间的马克笔表现赏析（二）（魏安平　作）

|曲线的魅力|

曲线线稿可显现出一定的手绘功力，图中色彩的渐变和单色的推移效果也很简洁且具有说服力，使光感更加自然地跃然纸上。

黑白线稿

|重颜色|

一个画面里必须有重颜色，该图地面和墙面都大量使用了重颜色从而衬托出家具的灰色调。

图 8-64　室内空间的马克笔表现赏析（三）（魏安平　作）

黑白线稿

图 8-65　室内空间的马克笔表现赏析（四）（魏安平　作）

|材质|

不同的空间具有不同的功能属性，而设计师根据空间属性的不同而赋予它们不同的效果，效果的体现主要通过材质的运用，该图材质表现得非常简练大气。

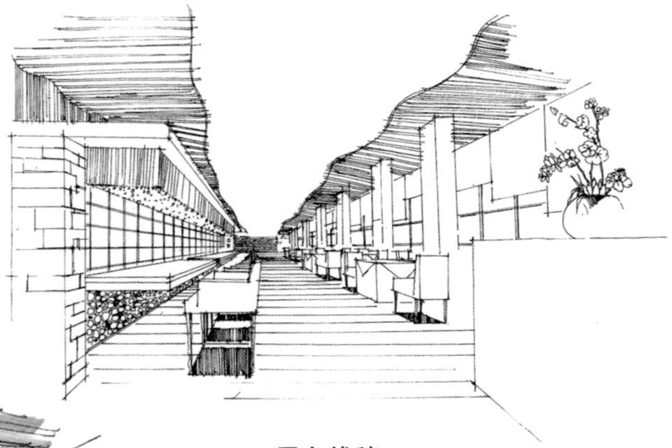

黑白线稿

图 8-66　室内空间的马克笔表现赏析（五）（陈立飞　作）

空间感

这是一幅中型餐厅的快速表现图，该图用马克笔轻松地刻画关键的投影，画面中大量使用了重颜色，增强其厚重感，前实后虚的处理，增加了画面的空间感，彩色铅笔的运用使色彩与灯光更加协调。

图 8–67　室内空间的马克笔表现赏析（六）（魏安平　作）

黑白线稿

光影

光影在室内空间中起了很大作用，该图充分表现了光和影的关系，墙面上的光影刻画得淋漓尽致，特别是窗外洒进来的自然光，增加了画面的趣味性。

|色调|

色调顾名思义就是色彩的调子，该图运用了暖色调，使整个空间更加温馨；墙体、沙发、家具和地板等都大量运用了暖灰色，以少量的蓝色和绿色作为补充，更加有利于视觉的舒适性。

图 8-68　室内空间的马克笔表现赏析（七）（魏安平　作）

黑白线稿

8.9 平面图、立面图表现技法

平面图是室内设计中最基本的也是最重要的图样，它可以展示出整个空间的布局与功能。但各个阶段平面图的表现方式有所不同，施工图阶段的平面图较为准确、表现较为细致；分析或者构思方案的平面图较粗犷、线条较醒目，多用徒手线表现，具有图解的特点。

8.9.1 平面图表现方法

平面图的线稿表现尽量细致一些，把要表达的设计想法体现出来，尽量用彩色铅笔和马克笔刻画明暗关系，同时要注意光线的来源，把握好比例关系（图 8-69、图 8-70）。

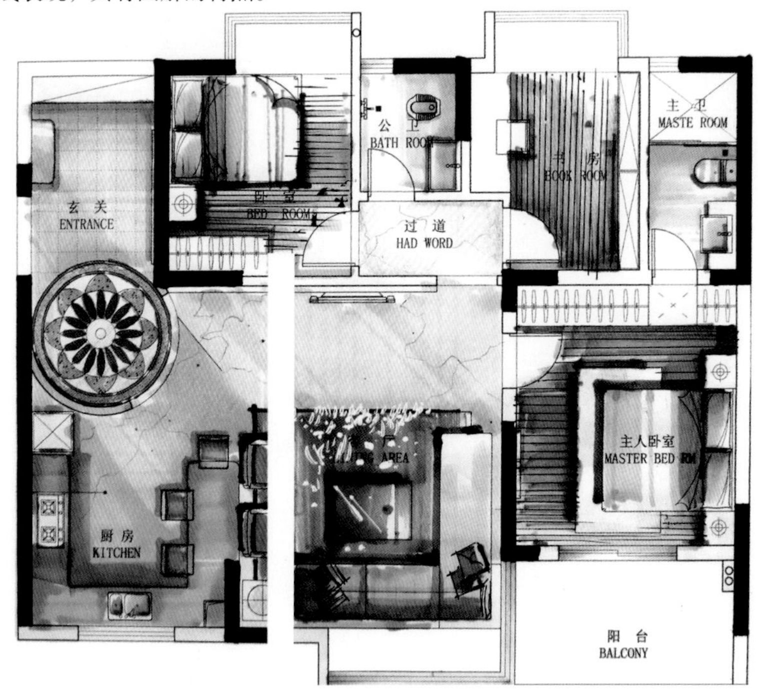

图 8-69　平面图表现方法(一)(陈立飞　作)

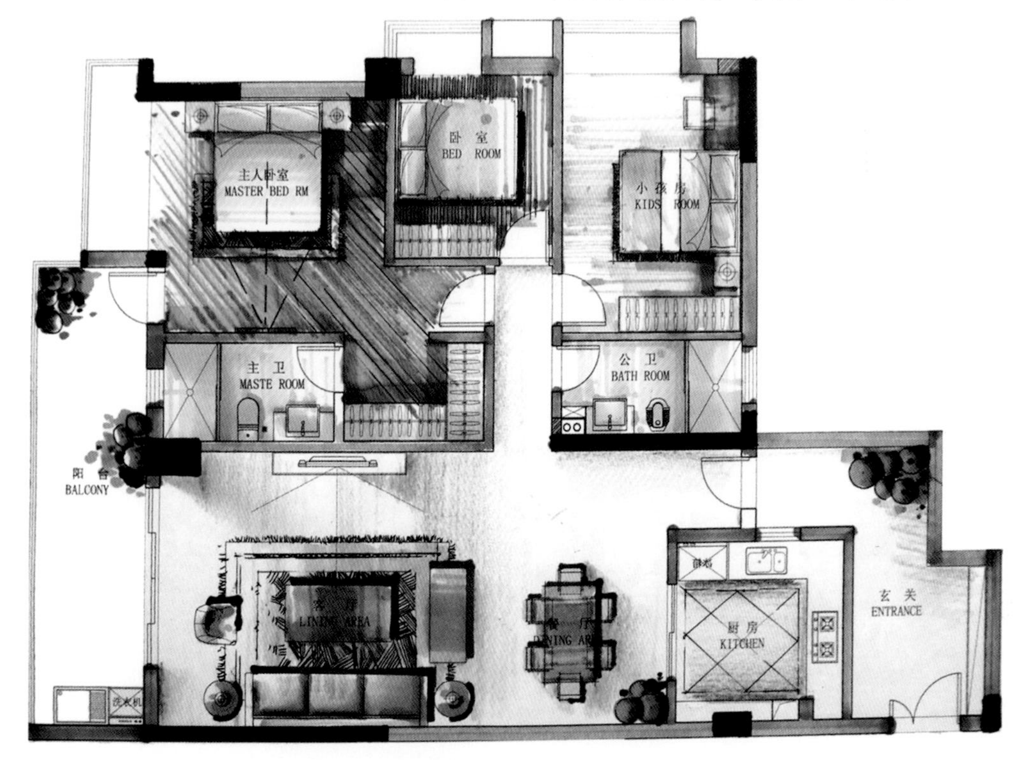

图 8-70　平面图表现方法(二)(陈立飞　作)

8.9.2 立面图表现方法

立面图的表现要解决的首要问题就是立面造型的创作。因为立面是人进入室内空间后最容易感受到的地方，它是室内空间装饰的重点。在围合的室内空间的立面中，往往会有一个立面在造型、材质和色彩等形式美感方面比其他的几个面突出，这也就是室内设计中最重要的主立面 (图 8–71、图 8–72)。

图 8–71　立面图表现方法 (一) (陈锐雄　作)

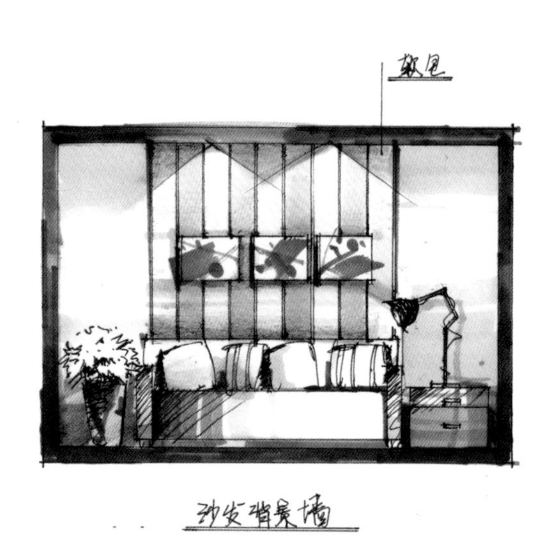

大理石
大理石包边
鹅卵石
电视背景墙

图 8–72　立面图表现方法 (二) (吴瑞津　作)

Indoor hand-painted
art appreciation

第 9 章　室内手绘作品欣赏篇

本章是前面章节的升华与运用，在巩固前面所学的知识的同时，也可以学到其他表现技法。

图 9-1 室内空间的马克笔表现赏析（一）（陈锐雄 作）

|概念·感性|

表现方案时，效果图需做到细致完整，尤其是顶棚、地面、墙面等设计的重点部位，材质和光影的表现也应准确到位。

图 9–2　室内空间的马克笔表现赏析（二）（陈锐雄　作）

|色调·浪漫|

注意中心部位是整个画面的视觉重点，可通过笔触的轻重变化让画面更加充实，以偏冷色调为主，配以暖色的床头背景，很好地烘托出卧室时尚、浪漫的气氛。

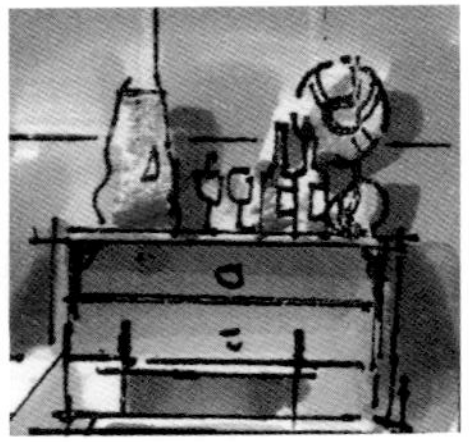

装饰品局部

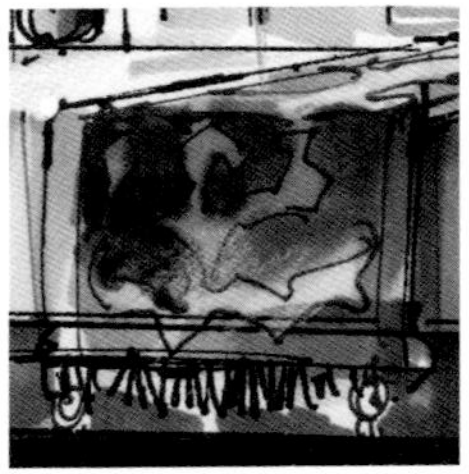

毛毯局部

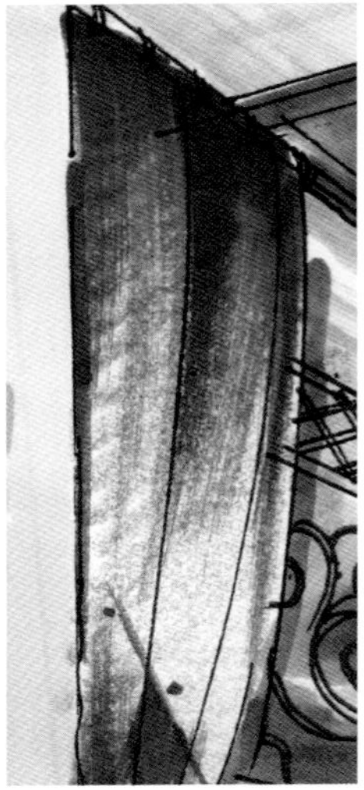

窗帘局部

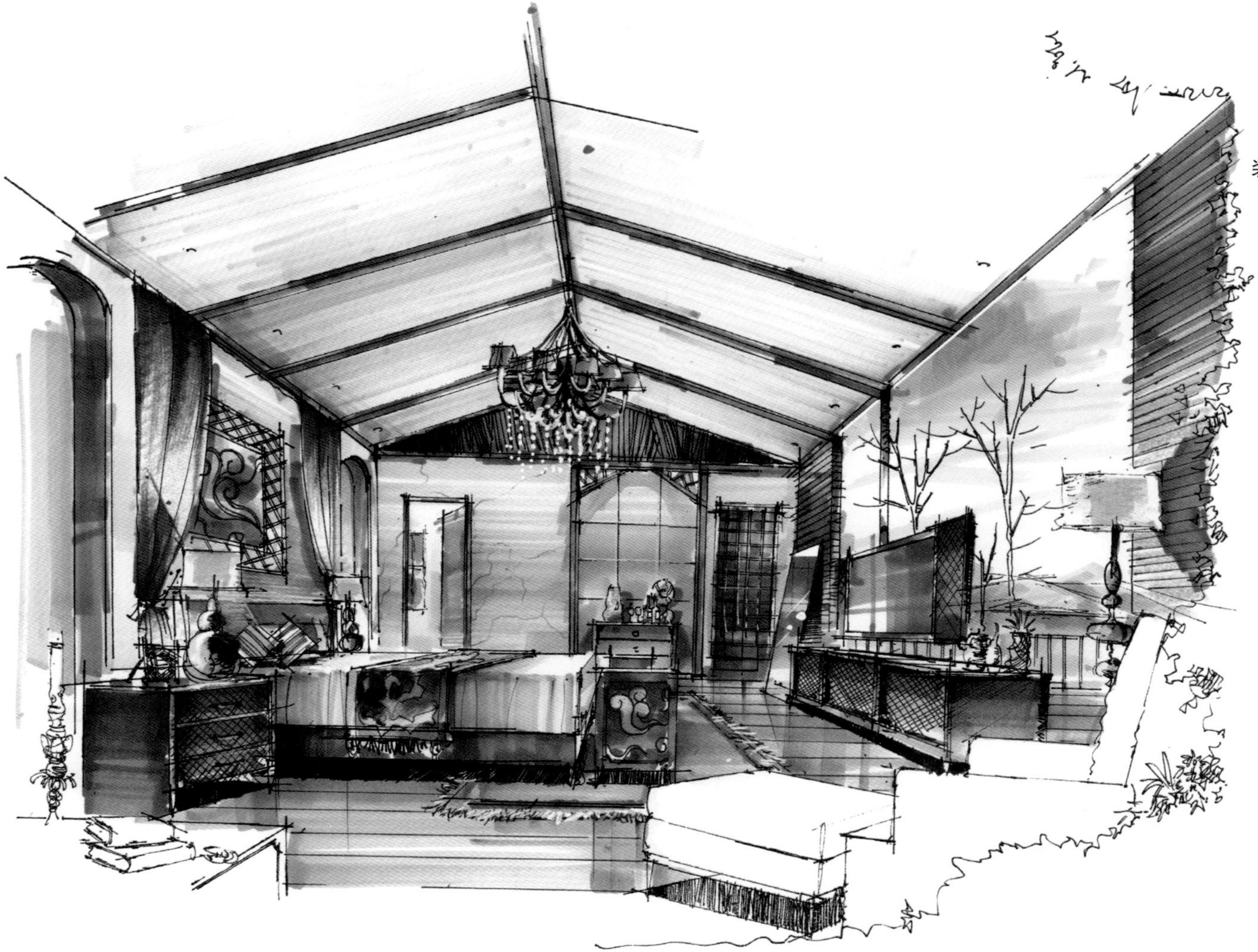

图 9-3　室内空间的马克笔表现赏析（三）（陈立飞　作）

| 正负 · 空间 |

画面不能太满，要有足够的空间感，上色时笔触注意疏密关系、有实有虚，画面中的留白部分就是“负形”，要放松处理，更多地表现光线和投影的关系。

图 9-4　室内空间的马克笔表现赏析（四）（陈立飞　作）

图 9–5　室内空间的马克笔表现赏析（五）（陈立飞　作）

|局部·细节|

国画局部

抱枕局部

装饰品局部

地毯局部

该图为酒店的包房设计，在有色卡纸上作画的优点是画面色调比较统一，受光的部分用彩色铅笔把它提亮即可。此种表现手法比较容易出效果，既能节省表现的时间，又能达到预期的要求。

| 韵味 · 情调 |

这是一个简单又极富情调的空间。植物墙体水景的设置体现了休闲、亲水且韵味十足的主题环境，笔墨集中在前景和中景的处理上，画面虚实结合，主体突出。

图 9-6　室内空间的马克笔表现赏析（六）（陈锐雄　作）

| 局部细节 |

植物局部

灯具局部

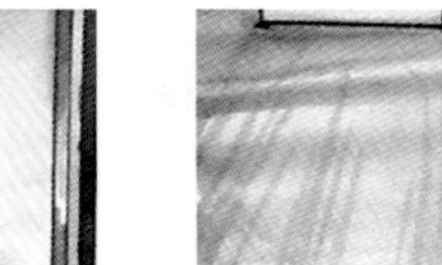

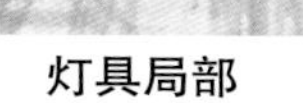

灯具局部

图 9-7　室内空间的马克笔表现赏析（七）（陈立飞　作）

|局部材质|

透光石局部

瓦片墙局部

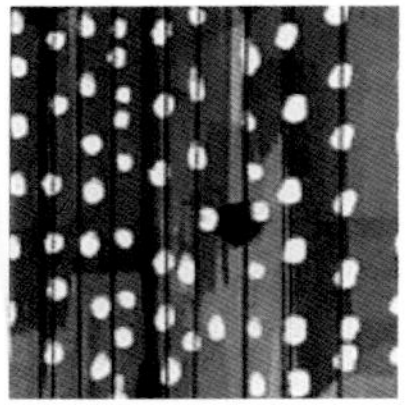

珠帘局部

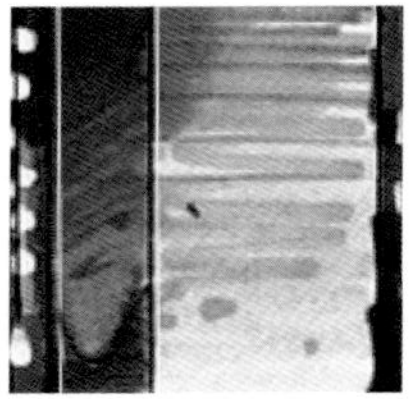

墙体局部

图 9-8　室内空间的马克笔表现赏析（八）（陈立飞　作）

|局部材质|

水体局部

吊灯局部

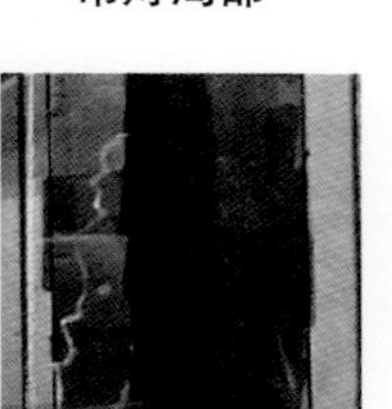

大理石局部

反光地面局部

图 9-9　室内空间的马克笔表现赏析（九）（陈锐雄　作）

| 局部细节 |

挂画局部

雕花玻璃局部

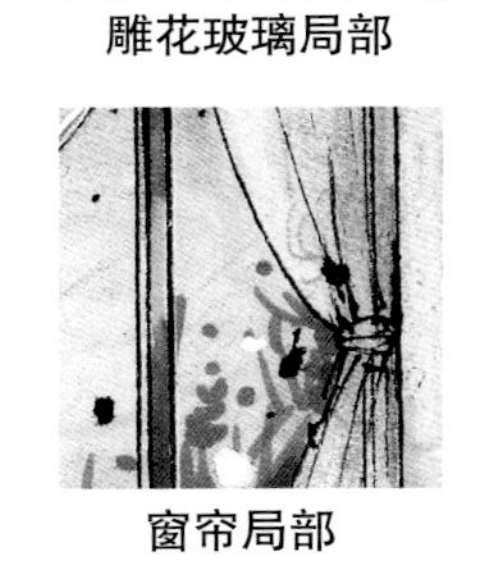

窗帘局部

植物局部

投影局部

|唯美·生命|

如果说完美、严谨的线性描绘是骨架，那么色彩就可称之为皮肤。有了色彩，画面便更具有生命力、更真实。需要注意的是：写实的手绘效果图应追求更多的细节和色彩冷暖关系的变化。

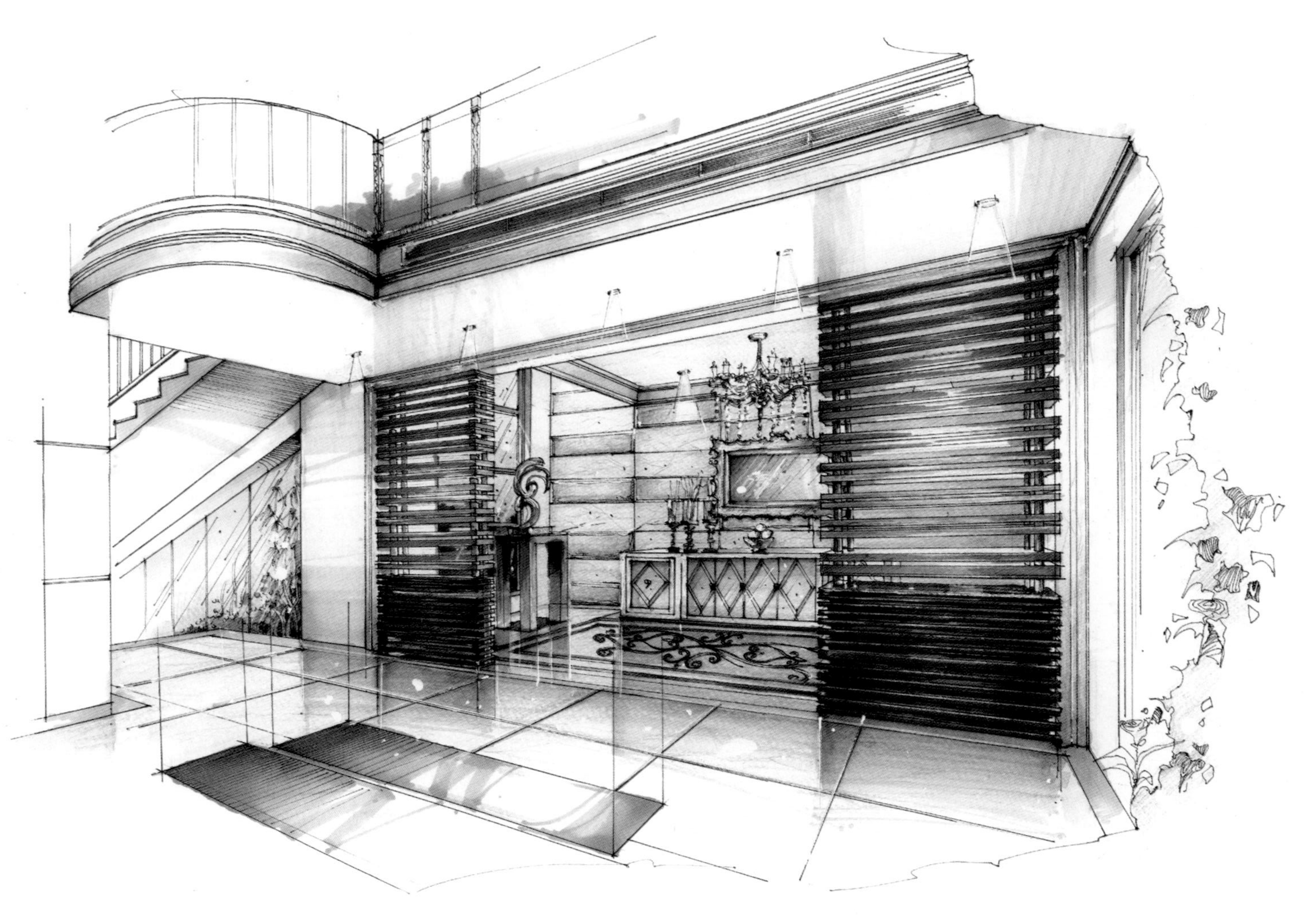

图 9-10　室内空间的马克笔表现赏析（十）（陈锐雄　作）

图 9-11　室内空间的马克笔表现赏析（十一）（陈锐雄　作）

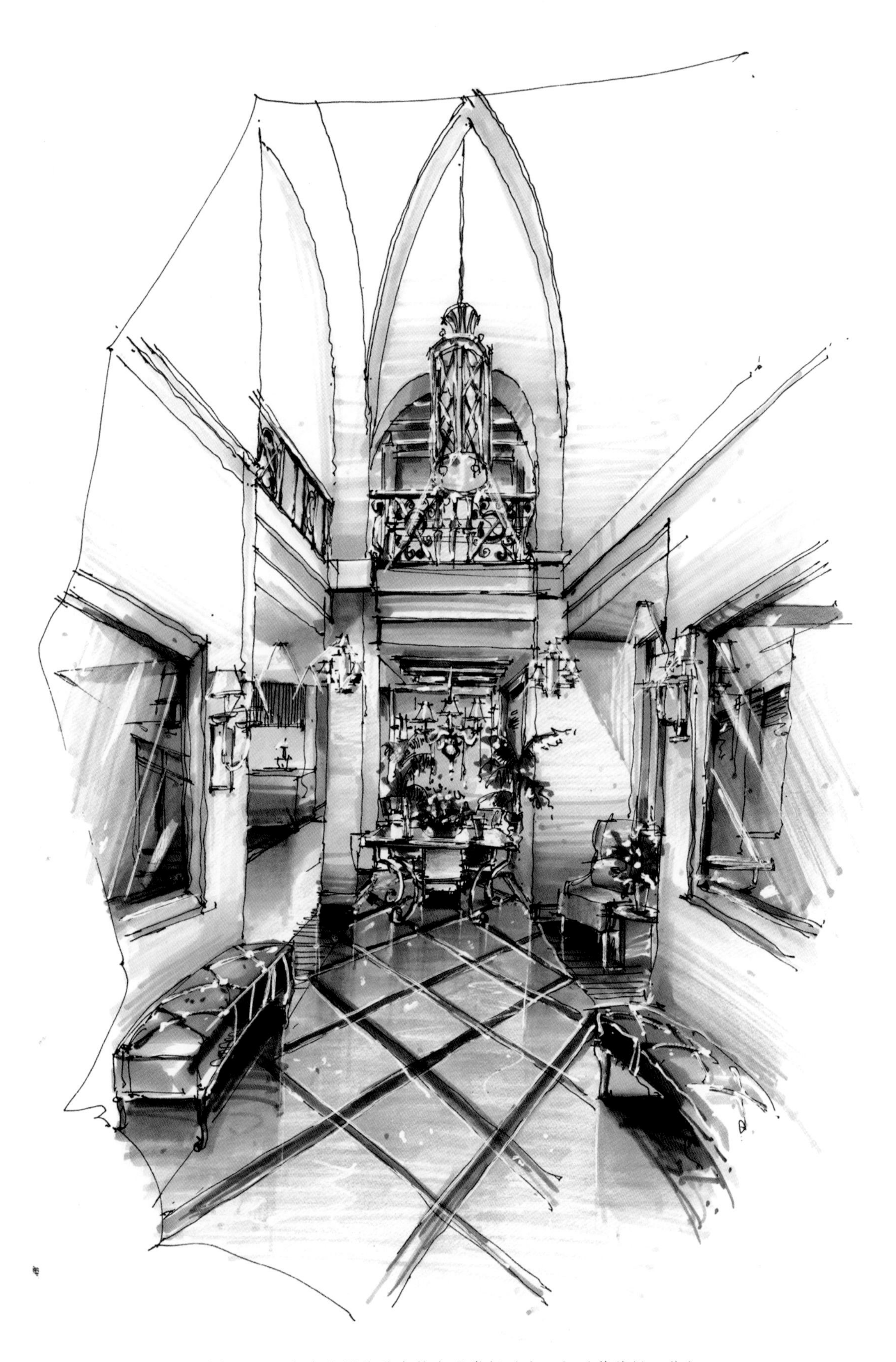

图 9-12　室内空间的马克笔表现赏析（十二）（黄德凤　作）

| 光影 · 基调 |

依据设计意图、功能和氛围确立色调，在同一基调中，寻求物体与场景之间、光与影之间、主体与客体之间的冷暖对比与调和关系。

图 9-13　室内空间的马克笔表现赏析（十三）（魏安平　作）

|轻·重·黑·白|

该图的表达效果极其轻松简练，空间结构准确，近处顶棚的留白与黑色的压深处相互映衬。

图 9-14　室内空间的马克笔表现赏析（十四）（魏安平　作）

图 9-15　室内空间的马克笔表现赏析（十五）（魏安平　作）

图 9-16 室内空间的马克笔表现赏析（十六）（陈锐雄 作）

| 轻重处理 |

画面忌出现多种大面积过于饱和的颜色，否则容易“过火”，该图很好地把握了这一原则，运用了浅蓝色的玻璃窗帘与家具的灰进行调和对比，不但使材质的表现恰如其分，而且增强了画面的视觉冲击力。

在表现该图时，舍去了潇洒的马克笔笔触感，挑选水分充足的马克笔表现家具，挑选干水的马克笔表现墙面，这样可以强调出明显的材质感与灯光效果。

图 9-17 室内空间的马克笔表现赏析（十七）（陈锐雄 作）

图 9-18　室内空间的马克笔表现赏析（十八）（魏安平　作）

图 9-19　室内空间的马克笔表现赏析（十九）（陈锐雄　作）

|曲线·情感|

曲线元素主要起着决定室内空间性格和控制人们情感的作用，曲线元素比较优美，恰当地使用它可以满足人们的审美需求，同时体现空间轻松愉快、委婉优雅的特点，搭配紫色色调更能营造浪漫温馨的气氛。

图 9–20 室内空间的马克笔表现赏析（二十）（陈锐雄 作）

|质感·构成|

在构成室内空间环境的众多元素中，各界面装饰材料的质感起到了重要作用。质感包括形态、色彩、质地和肌理等几个方面的特征。要形成个性化的现代室内空间环境，设计师不必刻意运用过多的技巧去处理空间形态和细部造型，应主要依靠材质本身体现设计，重点在于材料肌理与质地的组合运用。

图 9-21　室内空间的马克笔表现赏析（二十一）（魏安平　作）

图 9-22　室内空间的马克笔表现赏析（二十二）（魏安平　作）

图 9–23 室内空间的马克笔表现赏析（二十三）（魏安平 作）

|局部 · 细节|

灯光局部

车头局部

地板局部

车灯局部

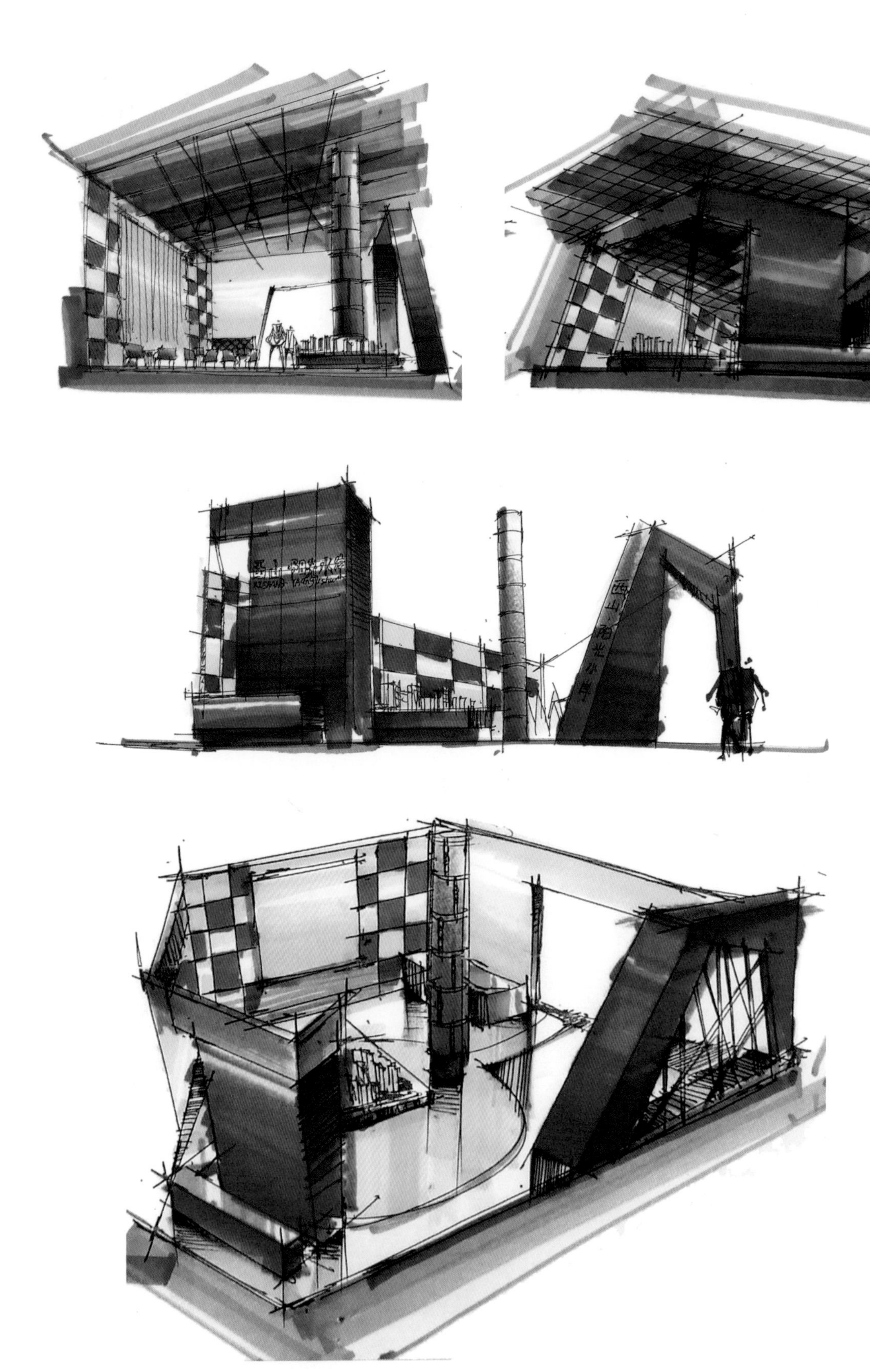

图 9–24　室内空间的马克笔表现赏析（二十四）（陈立飞　作）

Fast design appreciation

第 10 章　快题设计欣赏篇

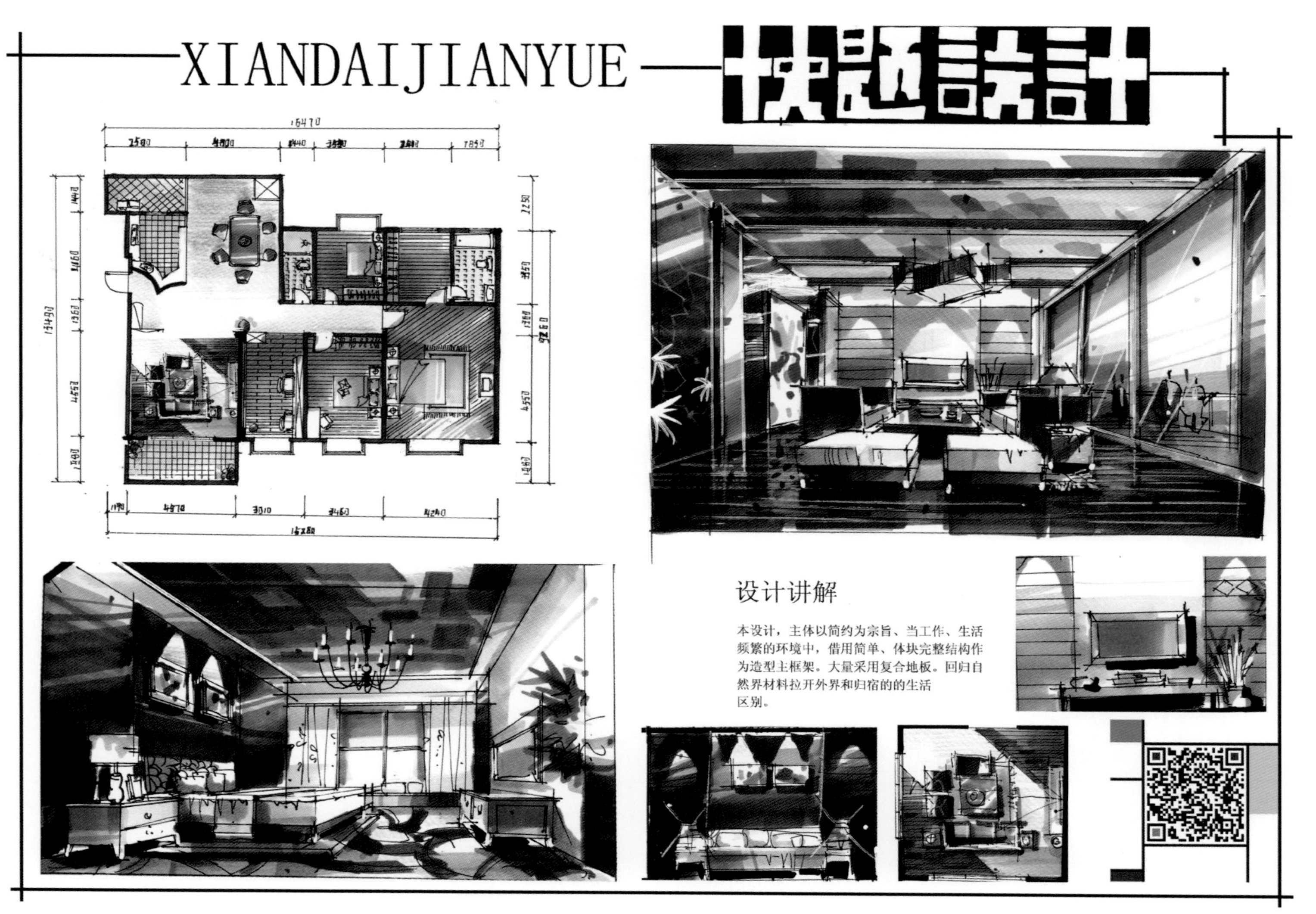

图 10-1　快题设计作品欣赏（一）（魏安平　作）

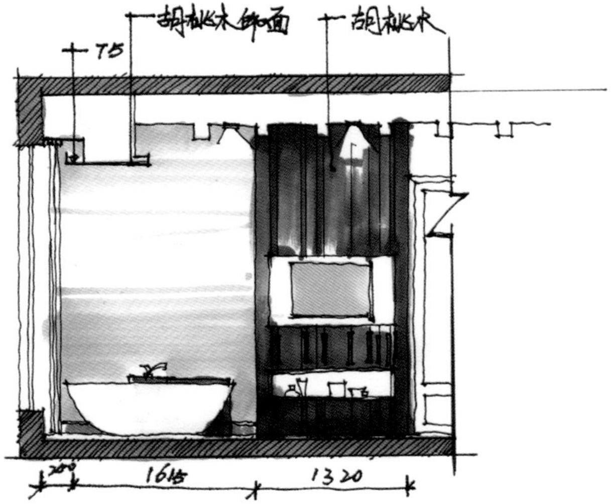

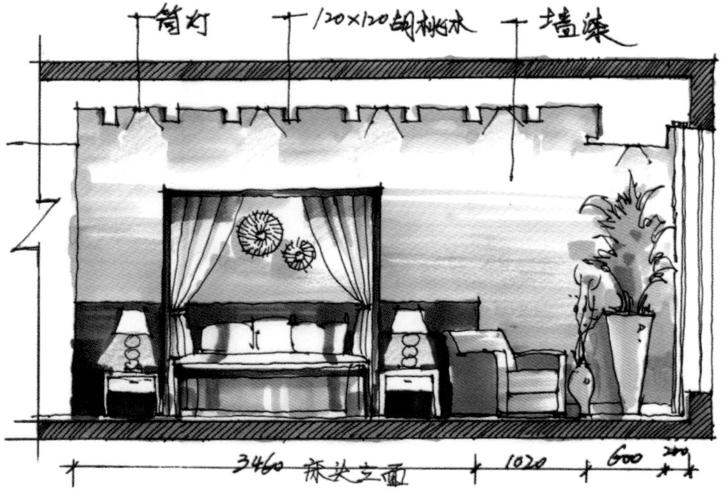

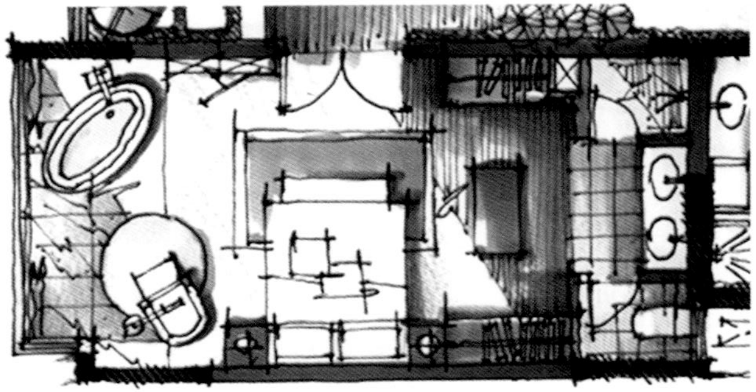

图 10-2　快题设计作品欣赏（二）（陈锐雄　作）

图 10–3　快题设计作品欣赏（三）（陈锐雄　作）

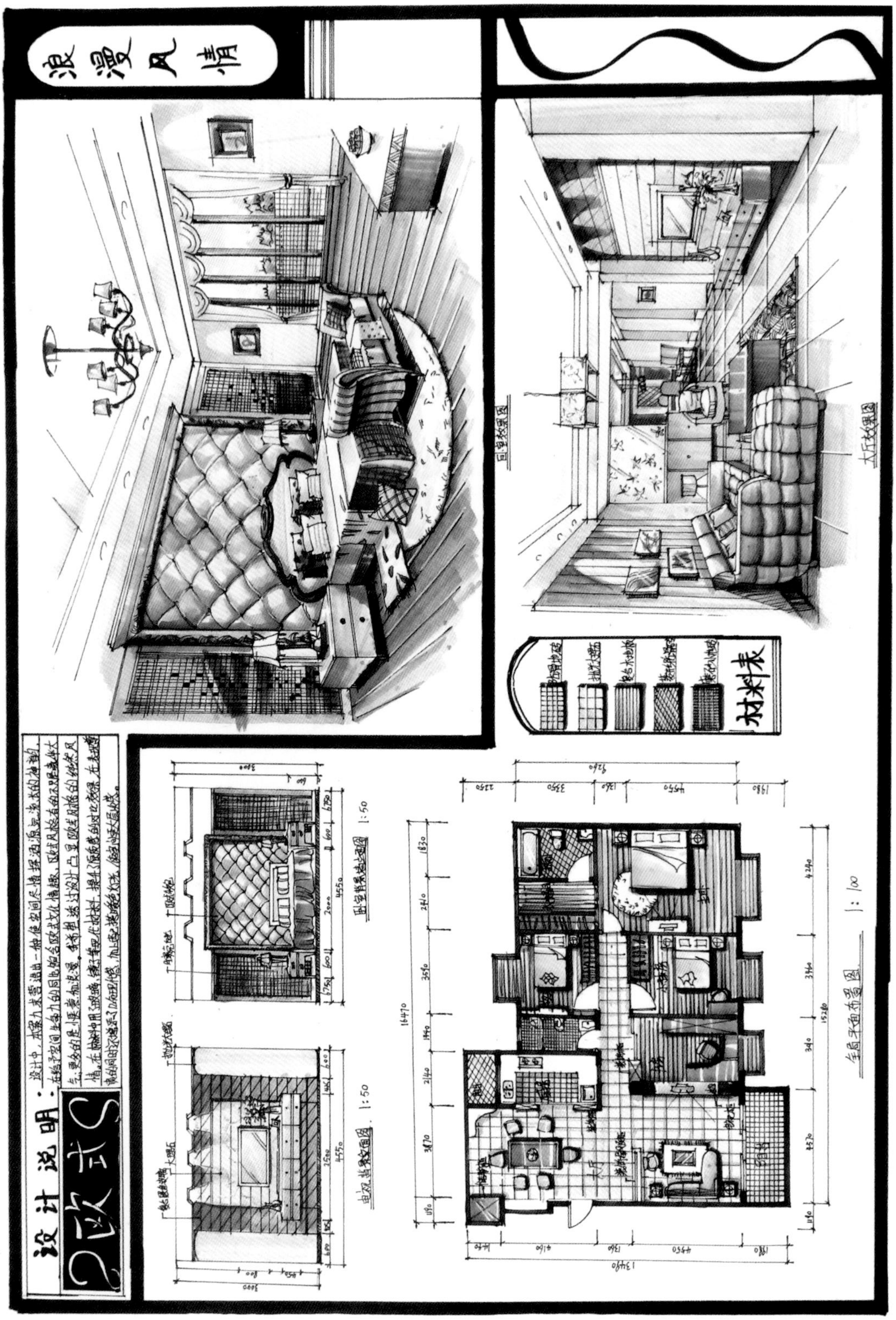

浪漫风情

设计说明：

欧式

电视背景立面图 1:50

卧室背景墙立面图 1:50

全局平面布置图 1:100

卧室效果图

材料表

大厅效果图

图 10-4　快题设计作品欣赏（四）（梁思敏　作）

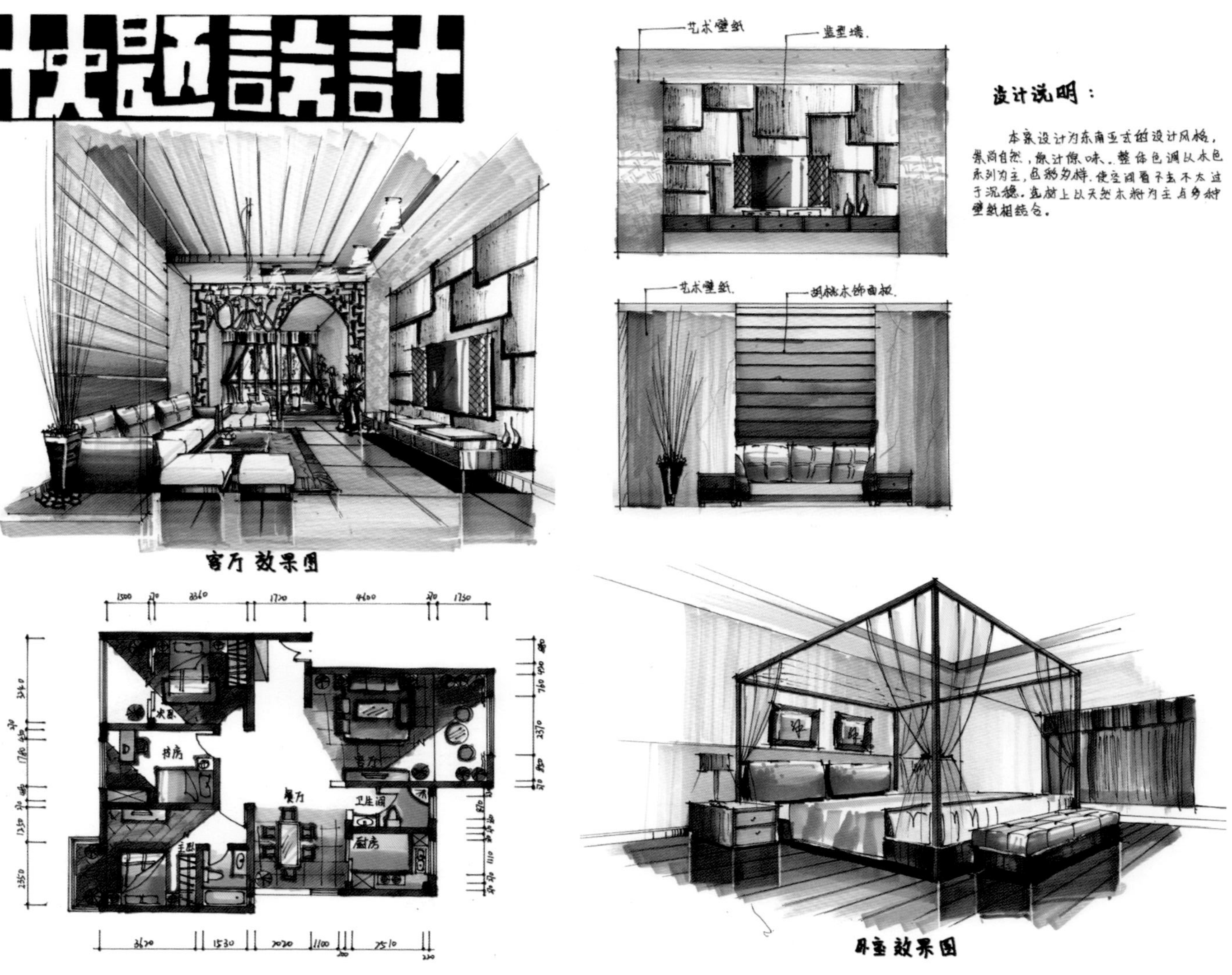

图 10–5　快题设计作品欣赏（五）（谢微　作）

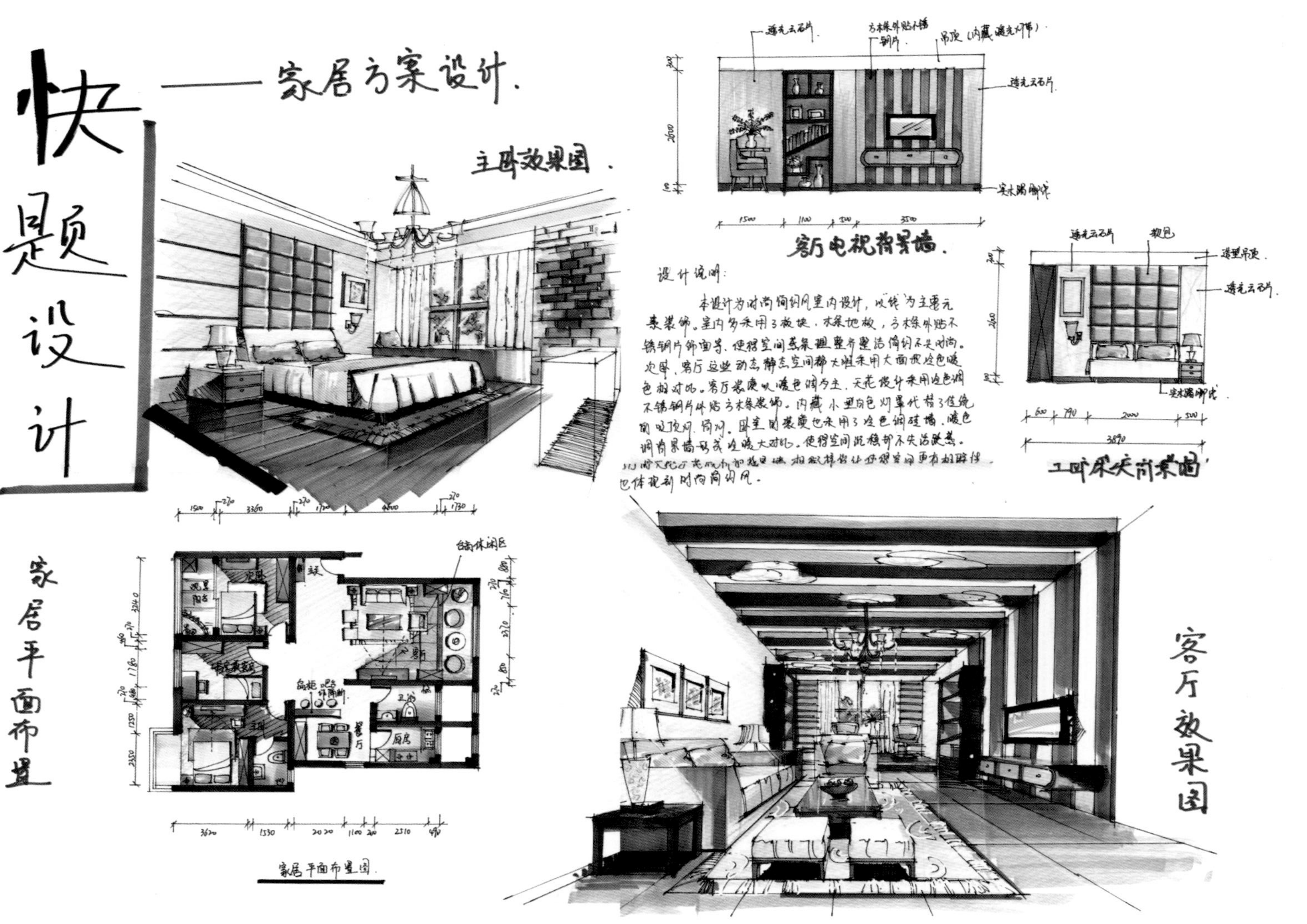

图 10-6　快题设计作品欣赏（六）（彭碧丽　作）

設計説明：①清新的蓝海洋的颜色＋温暖的木质材料＝给当下生活在匆忙世界中的年轻人以平静温馨的回归；
②大量的绿植＝回归自然，还原人本来的性质，净化生活环境；
③清新的色彩搭配＝给每一天的生活带来新力量，新活力，新希望；
④設計适用人群＝6岁≤人群≤40岁
⑤設計原因：本人喜爱

平面布置图

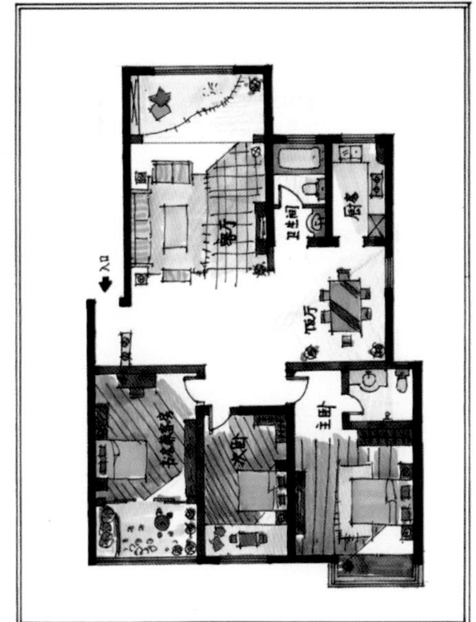

客厅立面图

客厅效果图

图 10-7　快题设计作品欣赏（七）（黄伟娜　作）